普通高等教育“十二五”规划教材
普通高等教育电路设计系列规划教材

EDA 技术实践教程

李 芸 黄继业 盛庆华 编著
高明煜 主审

電子工業出版社
Publishing House of Electronics Industry
北京 · BEIJING

内 容 简 介

本书根据现代电子系统设计数字化、智能化和模块化的特点，从实用角度出发，系统介绍EDA技术、Verilog HDL语法及相关知识。以全球著名可编程逻辑器件供应商Altera公司的集成EDA开发工具Quartus II为开发平台，介绍大量设计实例，所选的项目具备基础性、典型性、设计性、综合性和创新性，突出EDA技术的实用性和工程性，致力于培养学生的工程实践和自主创新能力。全书共5章，主要内容包括：Quartus II 9.1使用介绍、Verilog HDL语言、EDA技术基本实践项目、EDA技术创新实践项目、ModelSim使用介绍等。本书提供配套电子课件、程序代码和相关工程文件。

本书既可以作为高等学校电子工程、通信、计算机、自动控制等相关专业EDA技术和电子设计课程的实践教材，也可以作为电子设计竞赛的培训教材，以及工程技术人员的参考用书。

图书在版编目（CIP）数据

EDA技术实践教程/李芸，黄继业，盛庆华编著. —北京：电子工业出版社，2014.3
普通高等教育电路设计系列规划教材
ISBN 978-7-121-22363-1

I. ①E… II. ①李…②黄…③盛… III. ①电子电路－电路设计－计算机辅助设计－教材
IV. ①TN702

中国版本图书馆CIP数据核字（2014）第010135号

策划编辑：王羽佳
责任编辑：王羽佳　　文字编辑：王晓庆
印　　刷：北京虎彩文化传播有限公司
装　　订：北京虎彩文化传播有限公司
出版发行：电子工业出版社
　　　　　北京市海淀区万寿路173信箱　　邮编：100036
开　　本：787×1092　1/16　印张：10.25　字数：262.4千字
印　　次：2023年2月第6次印刷
定　　价：28.00元

凡所购买电子工业出版社图书有缺损问题，请向购买书店调换。若书店售缺，请与本社发行部联系，联系及邮购电话：(010)88254888。

质量投诉请发邮件至zlts@phei.com.cn，盗版侵权举报请发邮件至dbqq@phei.com.cn。

服务热线：(010)88258888。

前　言

EDA 技术是当今电子信息领域最先进的技术之一，已广泛应用于电子、通信、工业自动化、智能仪表、图像处理及计算机等领域，是电子工程师必须掌握的一门技术。通过对国、内外一些高校的调研，我们发现许多著名高校的 EDA 技术本科教学有两个明显的特点：一是在各专业课程中涉及较多；二是在实践中大量引入新技术、新方法与新器件，更多地注重创新性、设计性、综合性项目，突出 EDA 技术的实用性及面向工程实际的特点。

根据作者多年的教学实践经验，EDA 技术只有通过大量的操作与实践才能快速并有效地掌握。因此本书内容的编排力求实用，深入浅出、由易到难地列举了 20 个典型实例，应用范围包括电子、计算机、通信、信号处理、控制等诸多领域。读者在读完本书并完成实践项目的基础上，能比较全面地掌握使用 EDA 技术设计混合系统的方法和技能，为今后从事相关领域的开发打下良好的基础。

本书采用 Verilog HDL 硬件描述语言。Verilog HDL 作为 IEEE 标准的两大主流 HDL 之一，与 VHDL 相比，具有易学易用和占据 ASIC 设计领域主导地位等优势，其覆盖率在全球范围内一直处于上升趋势。统计资料表明，Verilog HDL 的行业覆盖率现已超过 80%，在美国和日本的比例更高，已占绝对优势，因此导致我国 Verilog HDL 工程师和相关领域人才需求的不断增加。本书所有实践项目采用的 EDA 软、硬件平台分别是 Quartus II 9.1、ModelSim SE 6.5b 和 Altera Cyclone III 系列 FPGA。

本书的目标是使读者能快速掌握 EDA 技术的基础理论及其工程实践的基本技能，同时本书给出大量 EDA 实践项目以促进读者自主创新能力的有效提高。全书共分 5 章，各章节安排如下：第 1 章为入门了解，以 Altera 公司的集成 EDA 开发工具 Quartus II 为例，详细讲述每步设计流程及功能；第 2 章简单介绍 Verilog HDL 的语法结构和语言要素；第 3 章是 EDA 技术设计入门篇，提供 10 个基础实践项目，侧重于基本知识点的应用；第 4 章是 EDA 技术设计提高篇，提供 10 个创新实践项目，侧重于读者工程实践和技术创新技能的培养；第 5 章介绍仿真软件 ModelSim 的使用方法；附录 A 提供了 KX_DN 系列 EDA 开发系统的使用说明。

本书既可以作为高等学校电子工程、通信、计算机、自动控制等相关专业 EDA 技术和电子设计课程的实践教材，也可以作为电子设计竞赛的培训教材，以及工程技术人员的参考用书。

为了便于读者实践和学习，本书提供配套电子课件，同时作者特将全书程序代码和相关工程文件整理出来，读者可登录华信教育资源网（http://www.hxedu.com.cn）注册下载。

作者在编写本书时参考了相关的设计书籍和技术文章，在这里向这些资料的作者表示衷心感谢。

由于作者的知识水平有限，书中错误和不当之处在所难免，敬请广大读者和专家批评指正。

作　者

目　　录

第 1 章　Quartus II 9.1 使用介绍

本章介绍了 Altera 公司 EDA 软件 Quartus II 的基本功能和设计流程。并在 Quartus II 9.1 平台上，通过一个设计实例介绍详细的设计步骤。

1.1　概　　述

Altera 公司是世界上最大的可编程逻辑器件供应商之一，Quartus II 是 Altera 在 21 世纪初推出的新一代 FPGA/CPLD 开发集成环境，它是 Altera 前一代集成开发环境 MAX+plus II 的更新换代产品，其界面友好，使用便捷。

Altera 的 Quartus II 提供了一种与结构无关的设计环境，使设计人员能够方便地进行设计输入、快速处理和器件编程。它还提供了完整的多平台设计环境，能满足各种特定设计的需要，也是单芯片可编程系统（SOPC）设计的综合性环境和 SOPC 开发的基本设计工具，并为 Altera DSP 开发包进行系统模型设计提供了集成综合环境。

Quartus II 设计工具完全支持 VHDL、Verilog HDL 的设计流程，其内部嵌有 VHDL、Verilog HDL 逻辑综合器。Quartus II 也可以利用第三方的综合工具，如 Leonardo Spectrum、Synplify Pro 及 DC-FPGA，并能直接调用这些工具。同样，Quartus II 具备仿真功能，也支持第三方的仿真工具，如 ModelSim。另外，Quartus II 与 MATLAB 和 DSP Builder 结合，可以进行基于 FPGA 的 DSP 系统开发，是 DSP 硬件系统实现的关键 EDA 工具。

Quartus II 包括模块化的编辑器。编辑器包括的功能模块有分析综合器、适配器、装配器、时序分析器、设计辅助模块、EDA 网表文件生成器、编辑数据接口等。可以通过选择 Start Compilation 来运行所有的编译器模块，也可以通过选择 Start 单独运行各模块，还可以通过选择 Compiler Tool，在 Compiler Tool 窗口中选择相应模块来运行。在 Compiler Tool 窗口中，可以打开相应模块的设置文件或报告文件，或打开其他相关窗口。

此外，Quartus II 还包含许多十分有用的 LPM 模块，它们是复杂或高级系统构建的重要组成部分，也可在 Quartus II 中与普通设计文件一起使用。Altera 提供的 LPM 函数基于 Altera 器件的结构做了优化设计。在许多实际情况中，必须使用宏功能模块才可以使用一些 Altera 器件的特定硬件功能。

目前 Quartus II 软件的最新版本是 v13.0。与前一版本 v12.1 相比，编译速度平均高出了 25%，某些设计提高了近 3 倍。此外，在高端领域以及优异的逻辑封装能力方面，与最相近的竞争产品相比，Quartus II v13.0 版使系统的最高工作频率提高了 23%，并且推出了面向 OpenCL 的 Altera SDK 新产品。

Quartus II 软件界面比较统一，功能集中，设计流程规范。目前各高等学校 EDA 课程中使用较多的版本是 Quartus II 9.1，本书的相关实例也是基于这一版本的。

1.2 Quartus II 设计流程

Quartus II 的设计流程如图 1-1 所示。

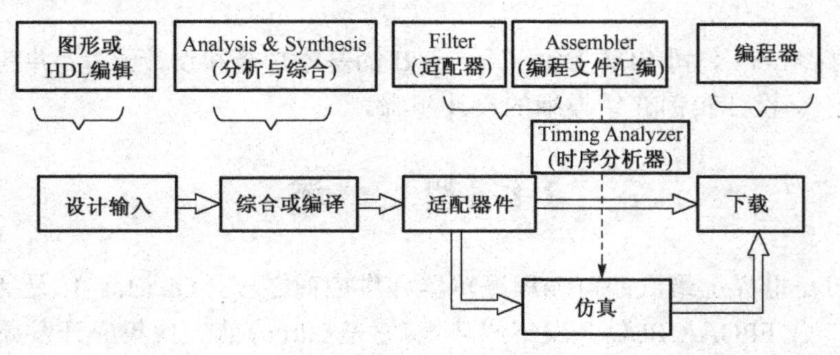

图 1-1 Quartus II 设计流程

图 1-1 中，上排所示的是 Quartus II 编译设计主控界面，它显示了 Quartus II 自动设计的各主要处理环节和设计流程，包括设计输入编辑、设计分析与综合、适配、编程文件汇编（装配）、时序参数提取及编程下载几个步骤。图中下排是流程框图，是与上排的 Quartus II 设计流程相对照的标准的 EDA 开发流程。下面对各环节进行简单的介绍。

1. 设计输入

将电路系统以一定的表达方式输入计算机，是在 EDA 软件平台上对 FPGA/CPLD 开发的最初步骤。Quartus II 的设计输入方式有很多种，可以使用 Block Editor 建立原理图输入文件，也可使用 Text Editor 建立文本输入文件（包括 VHDL、Verilog HDL 和 AHDL），还可以通过 MegaWizard Plug-In Manager 定制宏功能模块。Quartus II 还能够识别来自第三方的网表文件（如 EDIF），并提供了很多 EDA 软件的接口。Quartus II 支持层次化设计，可以在一个新的编辑输入环境中对使用不同输入设计方式完成的模块（元件）进行调用，从而解决了原理图与 HDL 混合输入设计的问题。

2. 综合或编译

综合就是将 HDL 文本、原理图等设计输入翻译成由基本门电路、触发器、存储器等基本逻辑单元组成的硬件电路，它是文字描述与硬件实现的桥梁。综合就是将电路的高级语言（如行为描述）转换成低级的、可与 FPGA/CPLD 的基本结构相映射的网表文件或程序。为达到速度、面积、性能的要求，往往需要对综合加以约束，称为综合约束。

可以使用 Quartus II 自带的 Analysis & Synthesis 模块进行综合，也可以选择第三方 EDA 综合工具，如 Synplicity 公司的 Synplify、Synplify Pro 综合器，Mentor Graphics 公司的 Design Architect、Leonardo Spectrum 综合器等。

Quartus II 在完成编译时可以自动完成分析综合，也可以单独启动 Start Analysis & Synthesis 菜单，通过 Analysis & Elaboration 可以检查设计的语法错误。

3．适配器件

适配器也称为结构综合器，它将综合器产生的网表文件配置于指定的目标器件中，使之产生最终的下载文件，如 jedec、jam、sof、pof 格式的文件。适配器完成底层器件配置、逻辑分割、逻辑优化、逻辑布局布线等操作。由于适配对象必须直接与器件的结构细节相对应，适配器需由 FPGA/CPLD 供应商自己提供。

在 Quartus II 中，适配是由 Filter 模块来完成的。Filter 使用分析综合后得到的网表数据库，将设计所需的逻辑和时序要求与目标器件的可用资源相匹配。它为每一个逻辑功能分配最佳的逻辑单元位置，进行布线和时序分析，并选择合适的相应互连路径和引脚分配。如果在设计中已经对资源进行了分配，Filter 将这些资源分配与器件上的资源进行匹配，尽量使设计满足设置的约束条件，并对剩余的逻辑进行优化。如果没有设定任何设计限制，Filter 将自动对设计进行优化。如果找不到合适的匹配，Filter 将会终止编译并给出错误信息。Quartus II 中的完全编译包括了适配，可以单独执行 Start Filter 操作，前提是分析综合必须成功。

4．仿真

仿真就是计算机根据一定的算法和仿真库对 EDA 设计进行模拟测试，以验证设计，排除错误。仿真是 EDA 设计过程中的重要步骤，可以分为功能仿真和时序仿真。功能仿真直接对设计文件的逻辑功能进行测试模拟，以了解其是否满足设计要求。功能仿真过程不涉及任何具体器件的硬件特性，它的优点是耗时短，对硬件库、综合器等没有任何要求。时序仿真是在综合、适配后，电路的最终形式已经固定之后，再加上器件物理模型进行仿真。时序仿真更接近真实器件运行特性，它包含了器件硬件特性参数，仿真精度高。

可以使用 Quartus II 自带的 Simulator 模块进行仿真，也可以使用第三方的 EDA 仿真工具，如 Cadence 公司的 Verilog HDL XL、NC-VHDL，Mentor Graphics 公司的 ModelSim 等。本书第 5 章将详细介绍 ModelSim 的使用方法。

5．时序分析

在高速数字系统设计中，随着时钟频率的大大提高，留给数据的有效操作时间越来越短，同时时序和信号的完整性也是密不可分的，良好的信号质量是确保稳定时序的关键，因此必须进行精确的时序计算和分析。

Quartus II 提供两个独立的时序分析工具，一个是默认的经典 Timing Analyzer 时序分析仪，另一个是新增的 TimeQuest 时序分析仪。它们提供了完整的对设计性能进行分析、调试和验证的方法，对设计所有路径的延时进行分析，并与时序要求相比较，以保证电路在时序上的正确性。

6．编程下载

把适配后生成的下载或配置文件，通过编程器或编程电缆向 FPGA/CPLD 下载，以便进行硬件调试和验证。编程下载是 Quartus II 设计流程的最后一步，编程下载文件由 Quartus II 集成的 Assembler 模块产生，启动全程编译会自动运行 Assembler 模块。编程下载后，就可以在实验箱或实验板上进行硬件验证了。

1.3 设 计 举 例

本节通过一个简单的例子详细介绍 Quartus II 的完整开发设计流程，我们以一位半加器为例。

1. 创建工程

（1）建立工作库文件夹

任何一项 EDA 设计都是一项工程（Project），必须首先为此工程建立一个放置与该工程相关的所有设计文件的文件夹。此文件夹将被默认为工作库（Work Library），文件夹的命名最好具有可读性。一般地，不同设计项目最好放在不同的文件夹中，同一工程的所有文件放在同一文件夹中。

（2）打开并建立新工程管理窗口

在建立了文件夹后，利用 New Project Wizard 工具创建工程。图 1-2 所示为 Quartus II 9.1 界面。

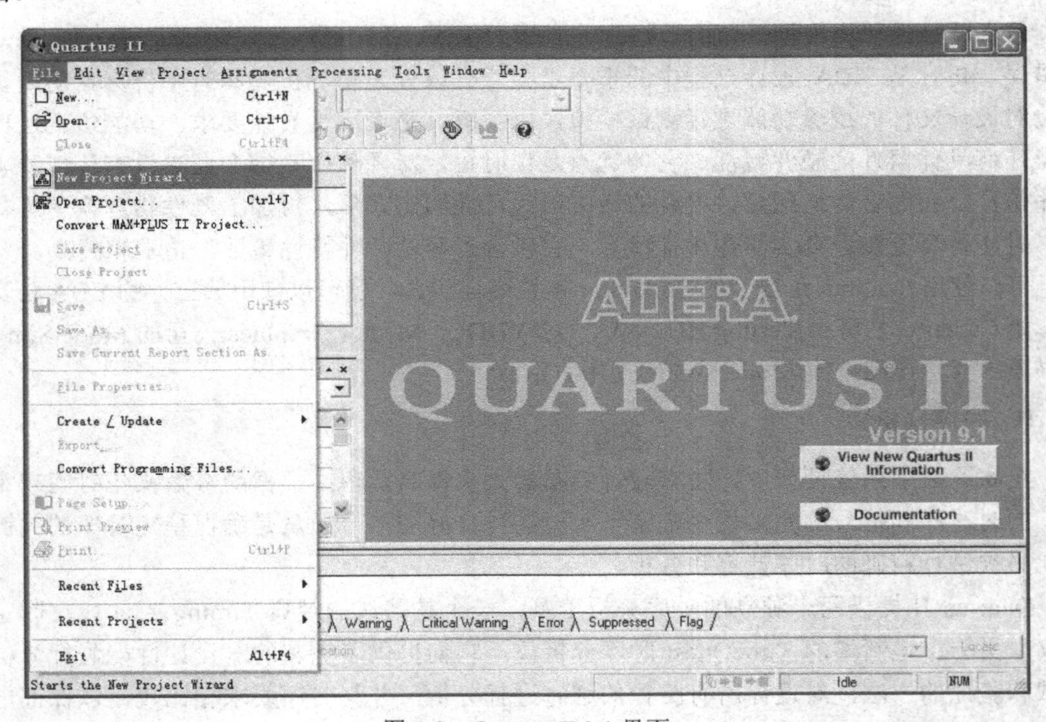

图 1-2 Quartus II 9.1 界面

按图 1-2 选择 File→New Project Wizard 命令，将弹出一个新建工程介绍（Introduction）对话框，单击 Next 按钮，进入新建工程向导对话框，如图 1-3 所示。分别设置工程所在文件夹路径、工程名以及顶层设计文件名。Quartus II 要求工程名和顶层设计文件名必须一致。和文件夹命名一样，工程名及顶层设计文件名最好具有可读性，即和设计功能相关，这里我们将一位半加器的工程和顶层文件命名为 half_adder。

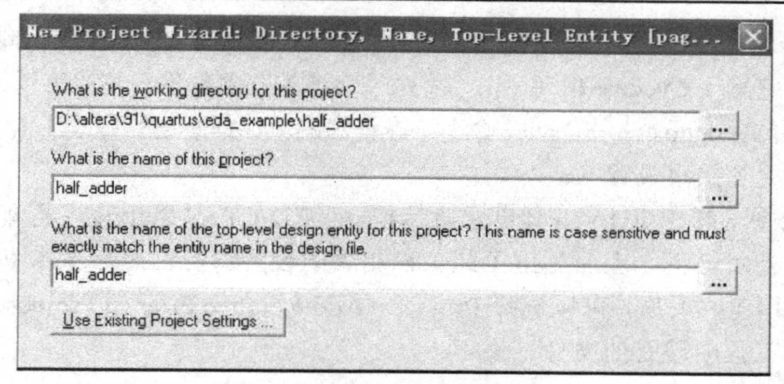

图 1-3　新建工程向导对话框

（3）将设计文件加入工程

单击 Next 按钮，弹出图 1-4 所示的添加设计文件对话框，如果设计文件暂时没有，可以跳过这步，待设计文件编辑好再添加。

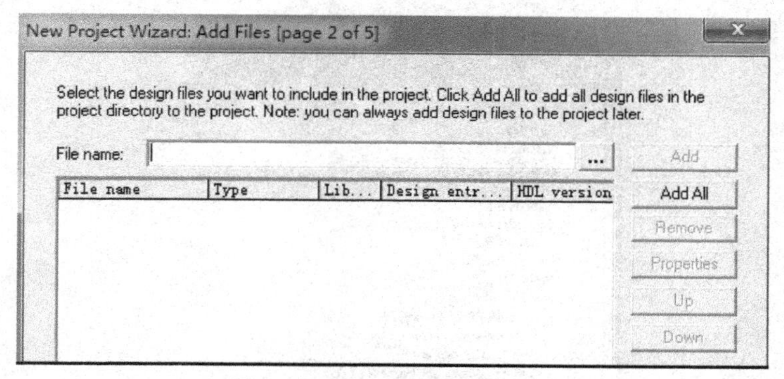

图 1-4　添加设计文件对话框

（4）选择目标器件

接下来进入选择目标器件对话框，如图 1-5 所示。

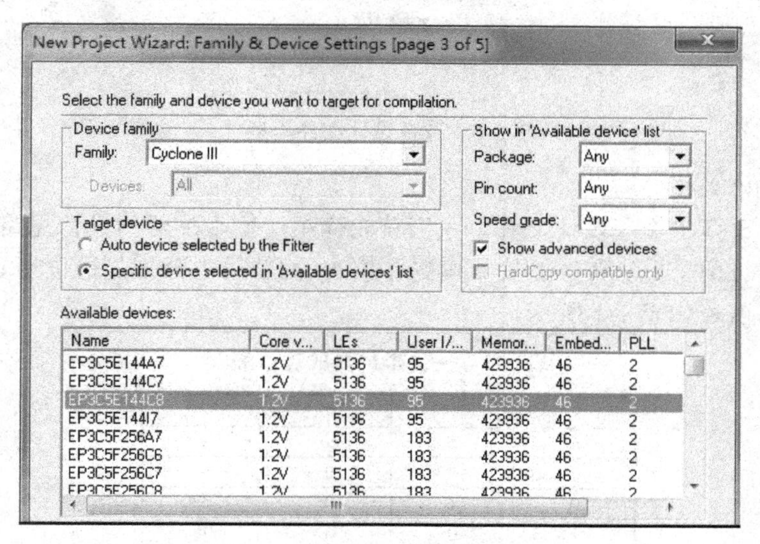

图 1-5　选择目标器件对话框

根据目标器件的类型进行选择，例如 KX_DN3 实验箱 FPGA 核心板上的器件为 EP3C5E144C8，它属于 Cyclone III 系列，我们按图 1-5 选择器件族和芯片信号。目标芯片的型号也可以通过选择 Assignments→Device 命令，在弹出的对话框中进行修改。

（5）工具设置及结束设置

单击 Next 按钮，弹出 EDA 工具设置对话框——EDA Tool Settings。再单击 Next 按钮，弹出工程设置统计对话框，上面列出了此工程相关的设置情况。最后单击 Finish 按钮，结束工程设置。工程建好之后，可以选择 Project→Add/Remove Files in Projects 命令，添加文件到工程或删除工程中现有的文件。

2．编辑和输入设计文件

（1）新建设计文件

Quartus II 的文件类型有很多，设计文件主要有原理图输入文件（Block Diagram/ Schematic File）和 HDL 文件，通过选择 File→New 命令，在弹出的对话框中进行选择，如图 1-6 所示。本例选择新建设计文件类型为原理图输入文件。

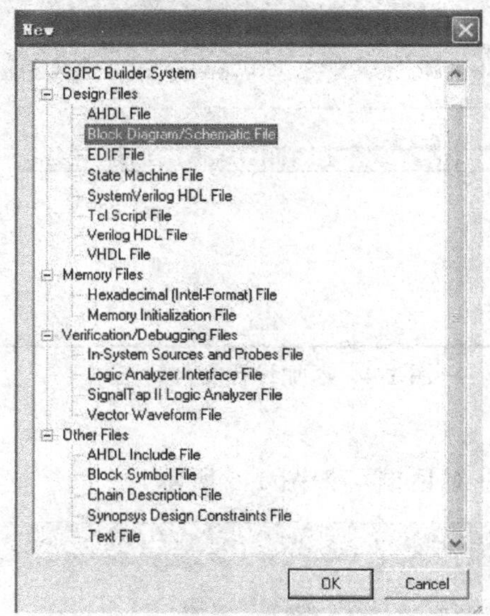

图 1-6　选择设计文件类型

（2）编辑设计文件

在图形编辑窗口中输入设计文件。我们首先介绍一位半加器的设计思路。一位二进制半加器的输入端有两个，分别是加数 a 和被加数 b，两个输出分别是进位端 co 和求和端 s。一位半加器的真值表如表 1-1 所示。

表 1-1　一位半加器的真值表

输入		输出	
a	*b*	co	*s*
0	0	0	0
0	1	0	1
1	0	0	1
1	1	1	0

由真值表可以得到输出逻辑表达式：co=*a*&*b*，*s*=*a*^*b*。因此，完成一个一位半加器需要一个二输入与门和一个异或门。

双击图形编辑窗口的空白处，弹出 Symbol 窗口，即元件编辑窗口，如图 1-7 所示。左上角是 Quartus II 9.1 的一些基本元件库，以树状目录列出。可以通过目录选择，也可以直接在左下角的 Name 一栏内输入元件名。

首先添加输入、输出端口。在图 1-7 所示的元件编辑窗口的 Name 栏直接输入 input（输入端），在窗口右侧会出现相应原件的图形符号，单击 OK 按钮将元件放置到图形编辑窗口。依次加入两个输入端、两个输出端（output）。

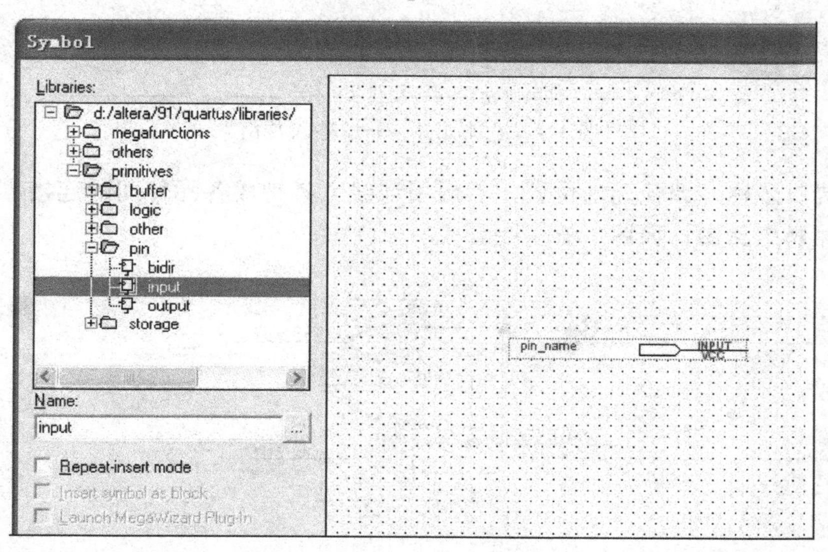

图 1-7　添加输入端口

选中图形编辑窗口中的元件，双击或单击鼠标右键选择 Properties，会弹出元件属性设置对话框，从中可以修改元件名称、默认取值、外观等属性。在图 1-8 中，我们修改输入端口的名称。

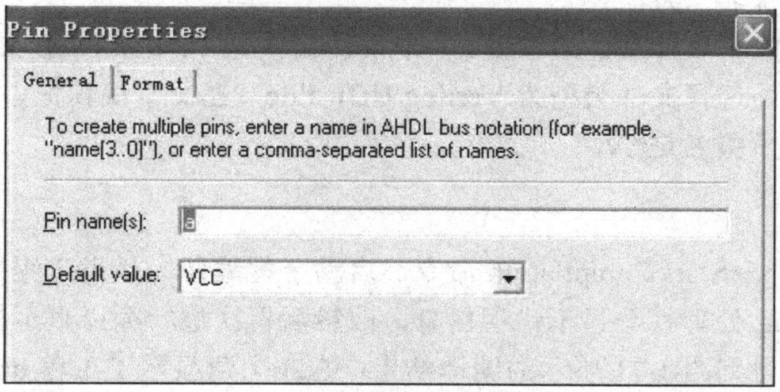

图 1-8　元件属性设置对话框

然后添加异或门和二输入与门，注意 Quartus II 中的二输入与门元件名为“and2”，如图 1-9 所示。

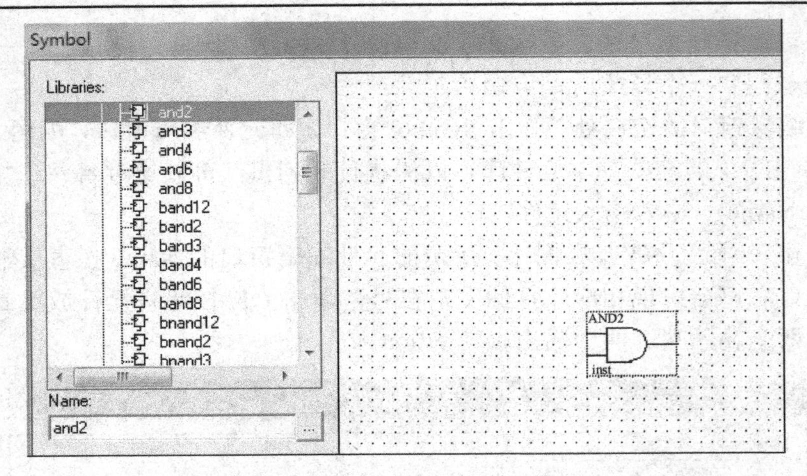

图 1-9 添加元件——二输入与门

修改各端口名称，调整元件位置，然后用连线工具完成各元件间的连接，可以得到完整的一位半加器电路图，如图 1-10 所示。

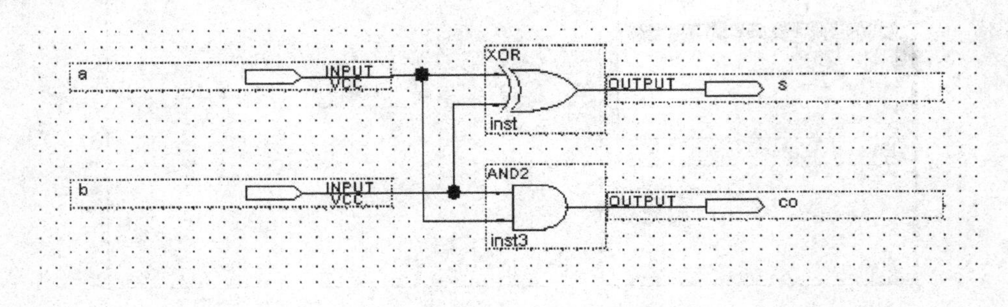

图 1-10 一位半加器电路图

（3）保存设计文件

上述原理图设计文件存放于之前设定的工程文件夹内，文件名为 half_adder，后缀名为*.bdf。注意该工程只有一个设计文件，它就是顶层设计文件，文件命名要与创建工程时设定的顶层设计文件名一致。

这样我们就完成了设计文件的编辑。如果设计文件是 Verilog HDL 文本格式，在第（1）步新建设计文件中，选择文件类型为 Verilog HDL File，在文本编辑框中输入 Verilog HDL 代码，设计文件的后缀名是*.v。

3．编译

选择 Processing→Start Compilation 命令，启动全程编译。如果工程中的文件有错误，在下方的 Processing 处理栏会显示错误信息，改错后再次进行编译直至排除所有的错误。编译成功后，可以得到图 1-11 所示的编译结果，在左上角显示了工程 half_adder 的层次结构及其耗用的逻辑宏单元数量；此栏下方是编译处理流程；右边是编译报告（Compilation Report）栏，单击各选择菜单可以详细了解编译与分析结果，其中 Flow Summary 为硬件耗用统计报告，显示当前工程耗用逻辑宏单元、寄存器、存储位数和引脚数量等信息。

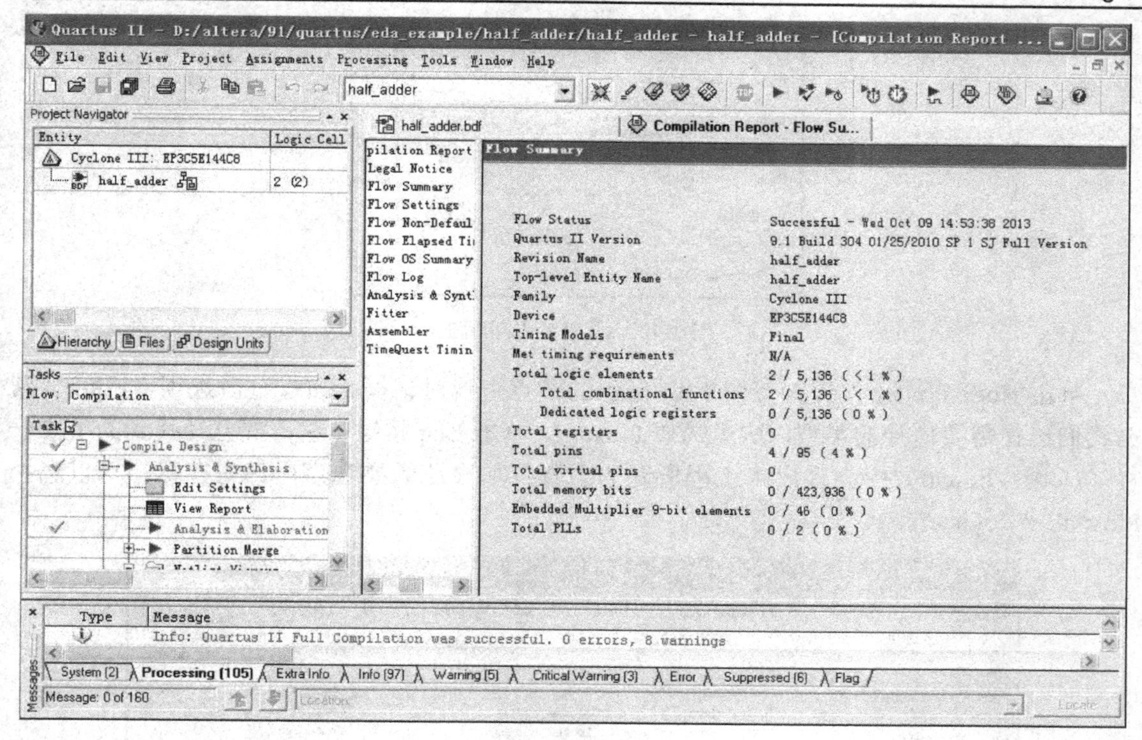

图 1-11　编译结果

4．仿真

通过编译后，须对工程进行功能仿真或时序仿真，以了解设计结果是否满足要求。

（1）新建仿真波形文件

选择 File→New→Vector Waveform File 命令，会弹出空白的波形编辑器。

（2）设置仿真时间

对时序仿真来说，将仿真时间设置在一个合理的范围内十分重要，一般根据设计内容来选择仿真时间。仿真时间过长则耗时太多，仿真时间过短则无法判断结果是否符合要求。选择 Edit→End Time 命令，弹出图 1-12 所示的设置仿真时间对话框，选择仿真时间为 5μs。

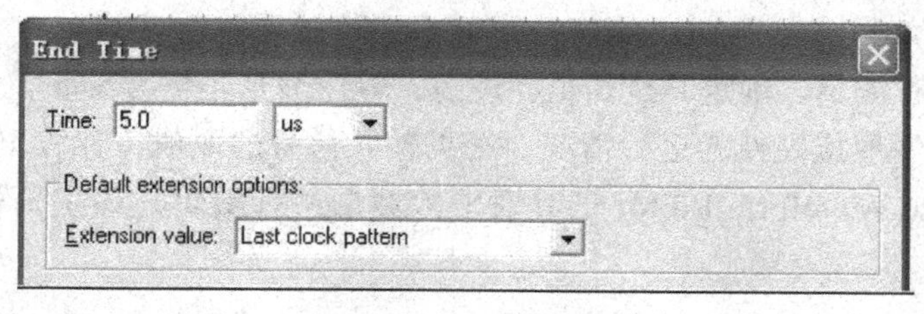

图 1-12　设置仿真时间对话框

（3）添加仿真信号

将工程中需要观察的信号节点加入波形编辑器中的方法有很多，如选择 Edit→Insert→Insert Node or Bus 命令，或双击波形编辑器的左栏等，此时会弹出图 1-13 所示的添加节点对话框。

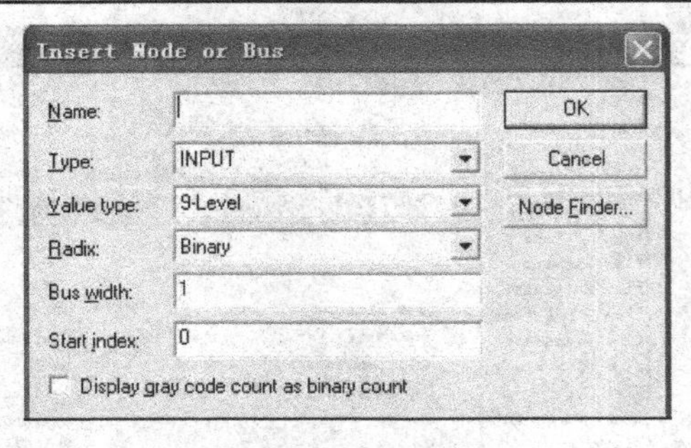

图 1-13 添加节点对话框

单击 Node Finder 按钮打开图 1-14 所示的节点查找对话框。通过过滤选项（Filter）帮助我们选择需要信号的类型，这里选择 Pins:all，单击 List 按钮，左下方已经找到的节点一栏（Nodes Found）中会列出本工程所有的引脚；如果还需要观察内部寄存器，可以选择 Pins: all &Registers。

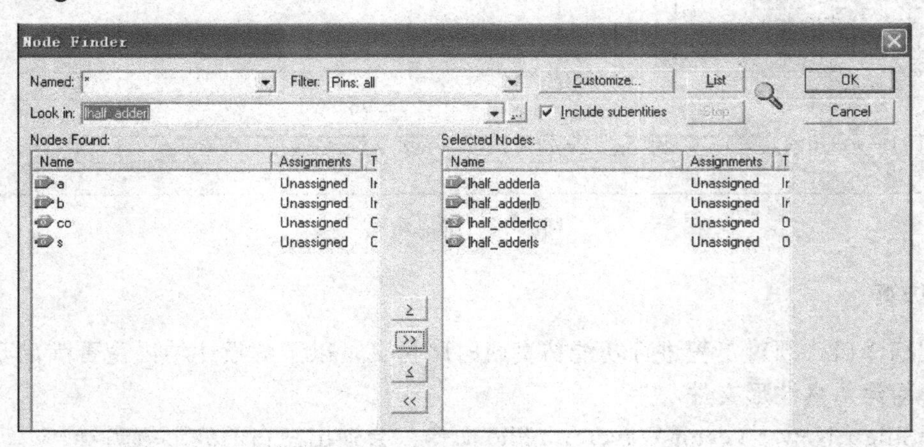

图 1-14 节点查找对话框

在 Nodes Found 中选中需要观察的信号，单击“>”按钮，将信号选入到右边的已选节点一栏（Selected Nodes）。“>>”按钮表示选中左栏所有的信号，“<”按钮表示删除一个已选节点，“<<”按钮表示删除所有已选节点。

（4）输入激励信号

对输入波形进行编辑，确定其逻辑值。注意：输出波形不需要编辑，由仿真器算出，仿真的过程就是用软件模拟硬件的运行情况，根据输入信号的取值，计算出输出信号的结果。

使用 Customize Waveform Editor 工具对输入波形进行编辑，该工具栏及其中各工具功能如图 1-15 所示。

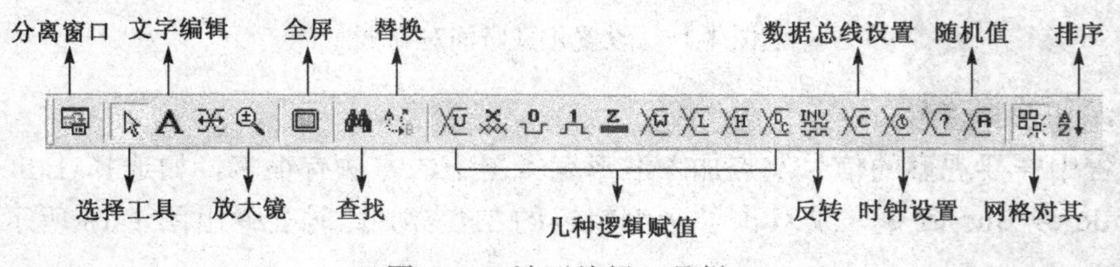

图 1-15 波形编辑工具栏

本设计中，我们用时钟设置工具将一位半加器的两个输入端 a 和 b 分别设置为周期是 200ns 和 400ns、占空比是 50%的周期信号，设置好激励信号的波形如图 1-16 所示。将波形文件保存到工程所在的文件夹，文件名为 half_adder，后缀名为*.vwf。注意：Quartus II 中的仿真也是以工程为单位的，要求仿真波形文件名与工程名必须一致。

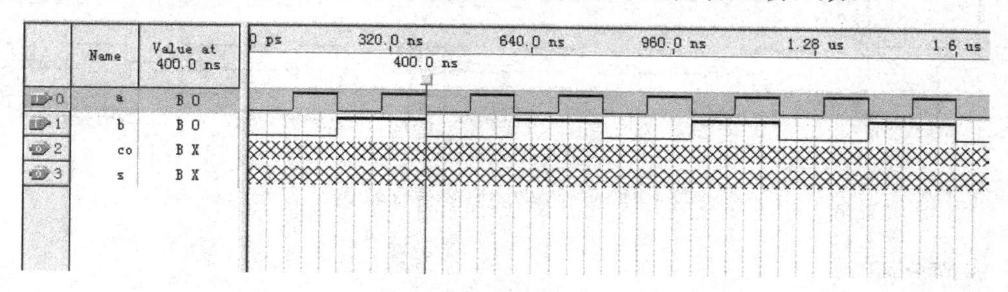

图 1-16　设置好激励信号的波形文件

（5）设置仿真器参数

前面已经提到，仿真分为功能仿真和时序仿真，在 Quartus II 中可以设置相关仿真参数。选择 Assignment→Settings 命令，打开参数设置窗口，在右侧选择 Simulator Settings 选项，得到图 1-17 所示的仿真参数设置窗口。本例是在全程编译后进行仿真的，经过了适配，已经包含了延时等器件硬件特性参数，因此选择时序仿真。

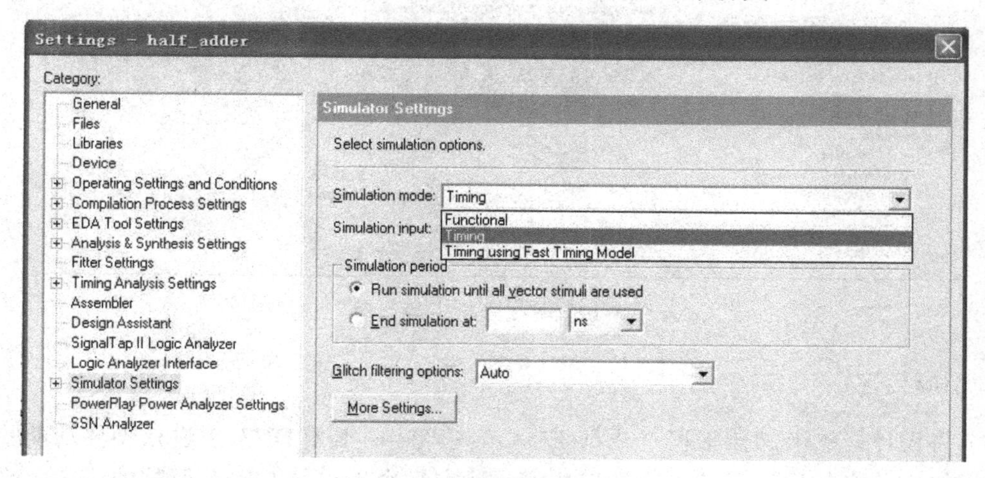

图 1-17　仿真参数设置窗口

（6）启动仿真器

现在所有仿真设置已进行完毕，选择 Processing→Start Simulation 命令进行仿真，直到出现 Simulation was successful 对话框，仿真完成。

（7）分析仿真结果

在 Quartus II 中，仿真波形文件（*.vwf）和仿真报告（Simulation Report）是分开的。一般仿真成功后会自动弹出仿真报告窗口，也可以选择 Processing→Simulation Report 命令打开。

一位半加器的仿真结果如图 1-18 所示，对照表 1-1 所示的真值表，可以验证仿真结果的正确性。由于进行的是时序仿真，输出结果 s 有毛刺是正常现象。这是因为输入 a 和 b 同时由 1 变为 0，每条路径上的延迟时间不同，到达异或门的时间就有先后，存在竞争和冒险，从而产生毛刺。

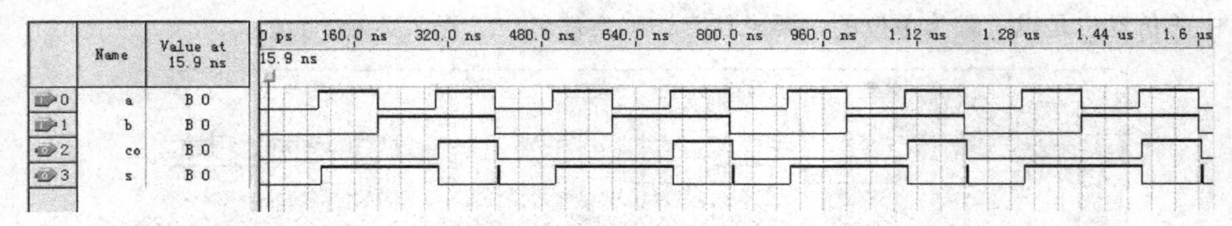

图 1-18 一位半加器的仿真结果

5. 时序分析

完成波形仿真后，可以使用时序分析工具对设计进行时序分析。通过菜单 Assignment→Settings→Timing Analysis Settings 选择分析工具，如图 1-19 所示。

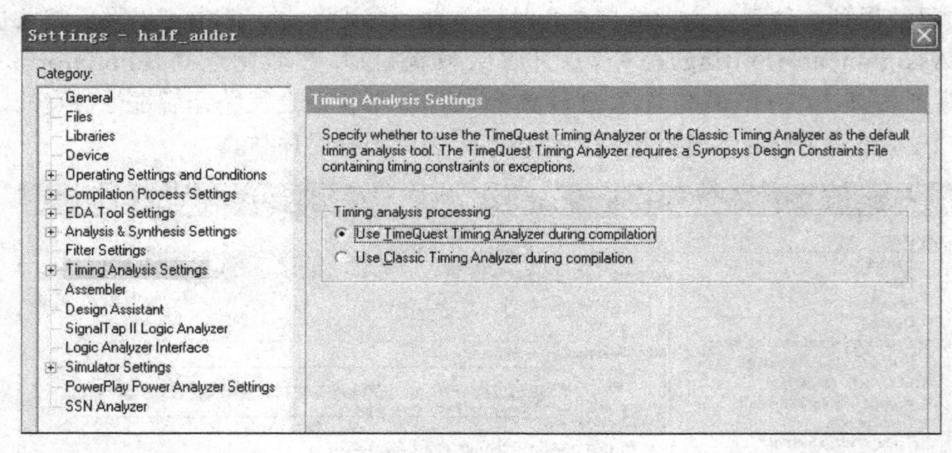

图 1-19 时序分析工具选择

6. 引脚锁定

为了将设计好的半加器工程下载到 EDA 实验箱——KX_DN3 上进行硬件功能验证，首先要根据实验箱的现有资源进行端口分配，确定每个端口与 FPGA 引脚的对应关系，再进行引脚锁定。此处让输入 a 和 b 从两个开关引入，输出 co 和 s 送至指示灯，端口与实验箱信号以及 FPGA 引脚的对照关系如表 1-2 所示。

表 1-2 端口-信号-引脚对照表

端口名	实验箱信号端	FPGA 引脚编号
a	拨码开关 L1	Pin60
b	拨码开关 L2	Pin59
co	发光二极管 D1	Pin50
s	发光二极管 D2	Pin49

接下来进行引脚锁定。选择 Assignment→Pins 命令，弹出 Pin Planner 窗口，在 Node Name 一列输入设计中的输入输出端口名，在 Location 一列输入引脚编号，如图 1-20 所示。

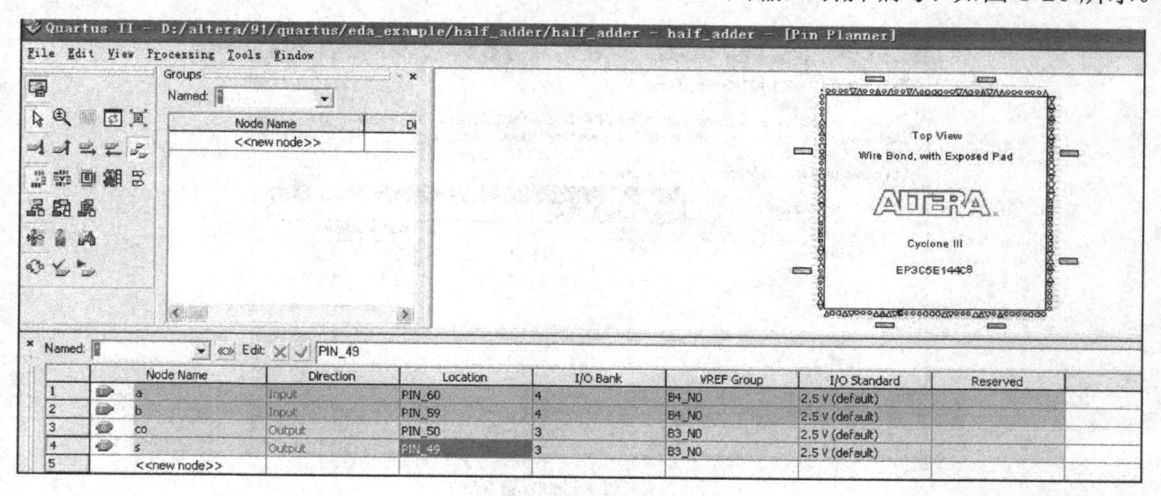

图 1-20　引脚锁定

完成引脚锁定之后，必须再次启动全程编译，才能将引脚锁定的信息编译到编程下载文件中。

7. 编程下载

将编译产生的*.sof 文件配置到 FPGA 中进行硬件测试，编程下载的前提是实验箱和计算机的下载电缆连接完好，并且实验箱上电工作。在 Quartus II 中选择 Tools→Programmer 命令，弹出图 1-21 所示的编程窗口。

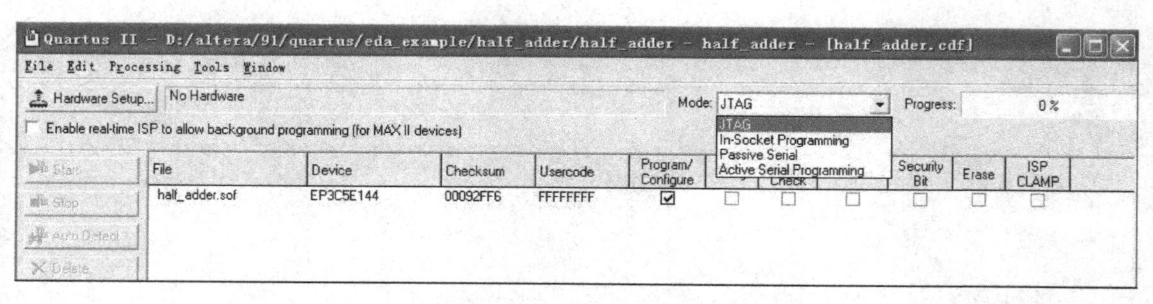

图 1-21　编程窗口

本例通过 JTAG 接口利用 USB Blaster 编程器进行下载，在图 1-21 中右上方 Mode 后的下拉列表框中列出了 4 种编程模式，我们选择 JTAG 模式。第一次下载的用户没有安装编程器，即左上方 Hardware Setup 栏显示 No Hardware，需要安装编程器。在实验箱上电且编程链路连接完好的情况下，计算机一般会自动安装 USB Blaster 编程器，如果没有，可以手动安装，过程如下。计算机检测到不能正常工作的设备或在设备管理器中找到没有安装驱动的设备，选择手动安装驱动程序，选择 USB Blaster 驱动程序所在的路径。一般在 Quarstus II 安装目录 drivers 子目录下的 usb-blaster 文件夹内，如 D:\altera\91\quartus\drivers\

usb-blaster。USB Blaster 编程器安装好之后，单击 Hardware Setup 栏，弹出图 1-22 所示的编程器设置窗口，从中可以选择、添加或删除相应的编程器。

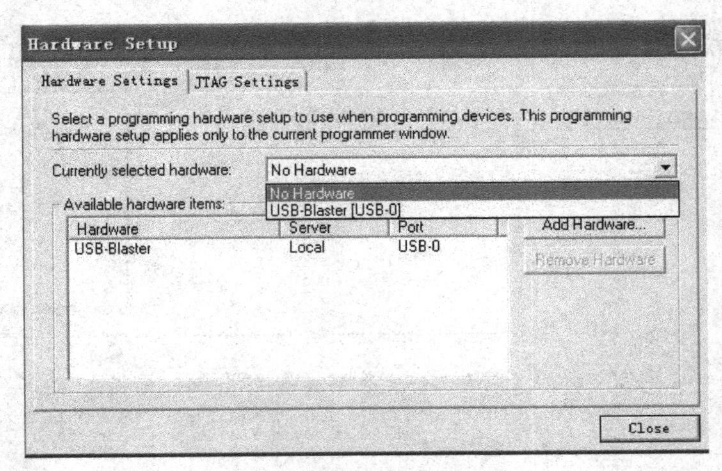

图 1-22 编程器设置窗口

编程器和编程模式设置完毕之后，选择相应的配置文件（本例为 half_adder.sof），最后单击 Start 按钮，完成对目标器件 FPGA 的配置下载操作。

8. 硬件验证

对照真值表（如表 1-1 所示），在实验箱上验证设计功能。这样我们就完成了一个完整的基于 Quartus II 的 EDA 设计。

第2章　Verilog HDL 语言

2.1　概　　述

硬件描述语言（HDL，Hardware Description Language）是一种用形式化方法来描述数字电路和系统的语言，它可用一系列分层次的模块来表示复杂的数字系统，从上到下逐层描述，并逐层进行验证仿真。再把具体的模块由综合工具转化成门级网表，接下来利用布局布线工具把网表转化为具体电路结构的实现。现在，这种自顶向下的设计方法已被广泛使用。HDL 语言具有以下主要特征。

- HDL 语言既包含一些高级程序设计语言的结构形式，同时也兼顾描述硬件线路连接的具体结构。
- HDL 语言采用自顶向下的设计方法，通过使用分层的行为描述，可以在不同的抽象层次描述设计。
- HDL 语言是并行处理的，具有同一时刻执行多任务的能力，这和一般的高级设计语言（如 C 语言）的顺序执行是不同的。
- HDL 语言具有时序的概念，为了描述这一特征，需要引入时延的概念，因此它不仅可以描述硬件电路的功能，还可以描述电路的时序。

Verilog HDL 和 VHDL 是目前世界上最流行的两种 HDL 语言，均为 IEEE 标准，被广泛地应用于基于可编程逻辑器件（PLD，Programmable Logic Device）的项目开发中。与 VHDL 相比，Verilog HDL 的部分语法参照 C 语言语法（但与 C 语言有本质区别），因此具有 C 语言的优点，从表述形式上来看，Verilog HDL 代码简明扼要，使用灵活，且语法规定不是很严谨，很容易上手。Verilog HDL 具有很强的电路描述和建模能力，能从多个层次对数字系统进行建模和描述，从而大大简化了硬件设计任务，提高了设计效率和可靠性。Verilog HDL 在语言易读性、层次化和结构化设计方面表现了强大的生命力和应用潜力，在全球范围内用户覆盖率一直处于上升趋势。因此，本书以 Verilog HDL 作为基本硬件描述语言来介绍 EDA 技术及其应用。

2.2　Verilog HDL 基本结构

用 Verilog HDL 描述的电路设计就是该电路的 Verilog HDL 模型，也称为模块（module），它是 Verilog HDL 的基本描述单位。用模块描述多个设计的功能或结构，以及与其他模块通信的外部接口。一般来说，一个文件就是一个模块，但也有例外。一个 Verilog HDL 模块的基本架构如下：

```
module 模块名（模块端口名表）;
```

模块端口和模块描述

endmodule

下面以一个简单的例子加以说明。例 2-1 用 Verilog HDL 描述图 2-1 所示的上升沿有效 D 触发器，其中 clk 为触发器的时钟，data 和 q 分别为触发器的输入和输出。

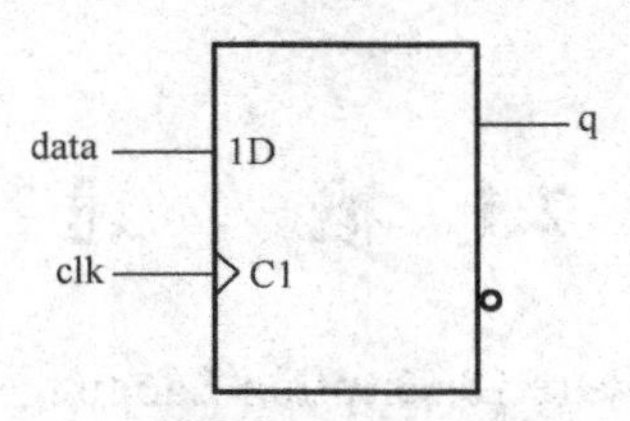

图 2-1 上升沿有效 D 触发器

【例 2-1】 上升沿有效 D 触发器。

```
module dff_pos(data,clk,q);
input data,clk;
output q;
reg q;
always @(posedge clk)
    q=data;
endmodule
```

结合例 2-1，一个完整的 Verilog HDL 模块由以下 5 部分组成。

1. 模块定义

模块定义用来声明电路设计模块名以及它的输入/输出端口，格式如下：

module 模块名（端口 1，端口 2，端口 3，…）;

当无端口名列表时，括号可以省去。例 2-1 中，模块名为 dff_pos，并定义了 3 个端口名 data、clk 和 q。这些端口名等价于硬件中的外接引脚，模块通过这些端口与外界发生联系。

2. 端口类型说明

端口类型说明用来声明模块定义中各端口数据的流动方向，Verilog HDL 端口类型只有输入（input）、输出（output）和双向端口（inout）这 3 种。端口类型说明格式如下：

input 端口 1，端口 2，端口 3，…; //声明输入端口

output 端口 1，端口 2，端口 3，…; //声明输出端口

凡是出现在端口名列表中的端口，都必须显式说明其端口类型。例 2-1 中 data 和 clk 为输入端，q 为输出端。

3. 数据类型说明

用来声明设计电路的功能描述中所用信号的数据类型。Verilog HDL 支持的数据类型有连线类型和寄存器类型两大类，每个大类又细分为多种具体的数据类型（详见 2.5 节 Verilog HDL 数据对象），除了一位位宽的 wire 类型说明可被省略外，其余在模块描述中出现的信号都应给出相应的数据类型说明。

例 2-1 中，q 是 reg 类型，data 和 clk 没有给出相应的数据类型说明，因而它们都缺省为一位位宽的 wire 类型。由于 q 被定义为 reg 类型，因而可以被接下来的过程赋值语句赋值。reg 类型的行为方式与 C 语言中的一般变量相似，在接收下一次过程赋值语句前它将保持原值不变，在硬件上，其行为特征类似于一个寄存器，因而称之为 reg 类型。

4．描述体部分

描述体部分是 Verilog HDL 程序设计中最主要的部分，用来描述设计模块的内部结构和模块端口间的逻辑关系，在电路上相当于器件的内部电路结构。描述体部分可以用 assign 语句、元件例化（instantiate）方式、always 块语句、initial 块语句等方法来实现，通常把确定这些设计模块描述的方法称为建模。

（1）assign 语句建模

assign 语句在 Verilog HDL 中称为连续赋值语句，用于逻辑门和组合逻辑电路的描述，它的格式为：

assign 赋值变量=表达式；

例如，具有 a、b、c、d 这 4 个输入和 y 输出的与非门的连续赋值语句为：

```
assign y=~(a&b&c&d);
```

连续赋值语句的“=”号两边的变量都应该是 wire 类型变量。在执行中，输出 y 的变化跟随输入 a、b、c、d 的变化而变化，反映了信息传送的连续性。

（2）元件例化（instantiate）方式建模

元件例化方式建模是利用 Verilog HDL 提供的元件库实现的。例如，用与门例化元件定义一个三输入与门，可以写为：

```
and myand3(y,a,b,c);
```

其中，and 是 Verilog HDL 元件库中与门的元件名，myand3 是例化的三输入与门名，y 是与门的输出端，a、b、c 是输入端。

（3）always 块语句建模

always 是一个过程语句，常用于时序逻辑的功能描述，它的格式为：

always @（敏感信号及敏感信号列表或表达式）
　　包括块语句的各类顺序语句

一个程序设计模块中，可以包含一个或多个 always 语句。程序运行时，当敏感信号列表中的事件发生时，将执行一遍后面的块语句中所包含的各条语句，因此敏感信号列表中列出的事件又称为过程的触发条件或激活条件。块语句通常由 begin-end 或 fork-join 界定：前者为串行块，块中的各条语句按串行方式顺序执行；后者为并行块，块中的语句按并行方式同时执行。

例 2-1 中只有一条语句 q=data，串行块标识符 begin-end 可被省略。

always 过程语句在本质上是一个循环语句，每当触发条件被满足时，过程就重新执行一次，如果没有给出敏感信号列表，即没有给出触发条件，则相当于触发条件一直被满足，循环将无休止地执行下去。

（4）initial 块语句建模

initial 也是一个过程语句，它与 always 语句类似，但 initial 语句不带触发条件，它只在程序开始时执行一次。

5．结束行

结束行就是用关键词 endmodule 标志模块定义的结束，注意它的后面没有分号。

用 Verilog HDL 进行描述后，整个电子系统就是由这样的 module 模块所组成的，一个模块可以大到代表一个完整的系统，也可以小到仅代表一个最基本的逻辑单元。从模块外部加以考察，一个模块由模块名以及相应的端口特征唯一确定。模块内部的具体行为的描述，并不会影响该模块与外部之间的连接关系。一个 Verilog HDL 模块可以被任意多个其他模块调用。但由于 Verilog HDL 所描述的是具体的硬件电路，一个模块代表具有特定功能的一个电路块，当它被某个其他模块调用一次时，则在该模块内部，被调用的电路块将被原原本本地复制一次。

2.3 Verilog HDL 描述方式

Verilog HDL 具有行为描述和结构描述功能。行为描述是对设计电路的逻辑功能的描述，并不用关心设计电路使用哪些元件以及这些元件之间的连接关系。行为描述属于高层次的描述方法，在 Veirlog HDL 中，行为描述包括系统级（System Level）、算法级（Algorithm Level）和寄存器传输级（RTL，Register Transfer Level）3 种抽象级别。结构描述是对设计电路的结构进行描述，即描述电路使用的元件以及这些元件之间的连接关系。结构描述属于低层次的描述方法，在 Verilog HDL 中，结构描述包括门级（Gate Level）和开关级（Switch Level）两种抽象级别。

1．Verilog HDL 行为描述

Verilog HDL 行为描述是最能体现 EDA 风格的硬件描述方式，它和其他软件编程语言类似，通过行为语句来描述电路要实现的功能，表示输入与输出间的转换，不涉及具体结构。

下面以图 2-2 所示的二选一数据选择器为例介绍 Verilog HDL 行为描述，模块代码如例 2-2 所示。

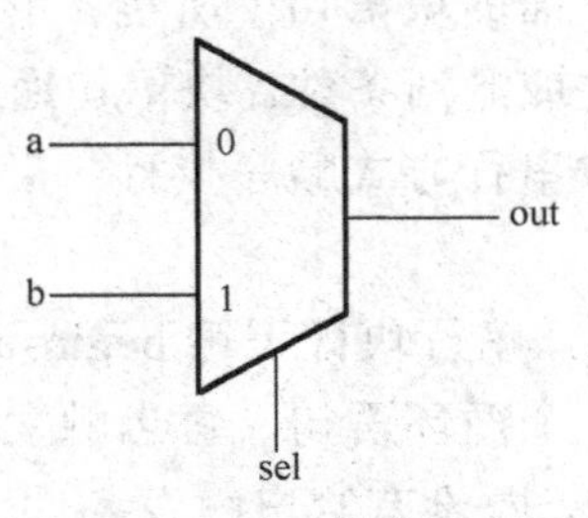

图 2-2　二选一数据选择器

【例 2-2】 二选一数据选择器的 Verilog HDL 描述之一。

```
module mux_beh(out,a,b,sel);
    output out;
    input a,b,sel;
assign out=(sel= =0)?a:b;
endmodule
```

行为描述中，用连续赋值语句 assign 实现了在 sel 的控制下，输出信号 out 与输入信号 a、b 之间的硬件连接关系，sel、a、b 这 3 个信号有任何变化都将被随时反映到输出端 out 信号上来。

2. Verilog HDL 结构描述

结构描述是将硬件电路描述成一个分级子模块互连的结构。通过对组成电路的各子模块间互相连接关系的描述，来说明电路的组成。在结构描述中，门和 MOS 开关是电路底层的结构。Verilog HDL 定义了 26 个基本单元，又称为基元，如表 2-1 所示。

表 2-1　Verilog HDL 中的基元

基元分类	基元
多输入门	and，nand，or，nor，xor，xnor
多输出门	buf，not
三态门	bufif0，bufif1，notif0，notif1
上拉、下拉电阻	pullup，pulldown
MOS 开关	coms，nmos，pmos，rcmos，rnmos，rpmos
双向开关	tran，tranif0，tranif1，rtran，rtranif0，rtranif1

仍以二选一的数据选择器为例，它的 Verilog HDL 结构描述模块代码如下。

【例 2-3】 二选一数据选择器的 Verilog HDL 描述之二。

```
module mux_str(out,a,b,sel);
    output out;
    input a,b,sel;
    wire net1,net2,net3;
    not gate1(net1,sel);
    and gate2(net2,a,net1);
    and gate3(net3,b,sel);
    or gate4(out,net2,net3);
endmodule
```

对结构描述模块来说，建议将它的 Verilog HDL 描述与图 2-3 所示的逻辑图加以对照。

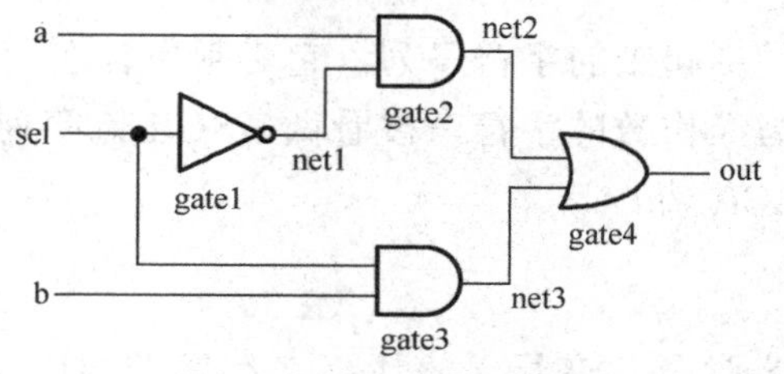

图 2-3　二选一数据选择器的逻辑图

可以发现，结构描述只是忠实地将图形方式逻辑连接关系转变为相应的文字表达而已。在对每一个逻辑电路进行结构描述前，先给电路中的每个元件取一个名字，并以同样的方式给每条内部连线也取相应的名字，然后再依据逻辑图中的连接关系，确定各单元端口间的信号连接，完成描述的全过程。

2.4 Verilog HDL 基本词法

Verilog HDL 的词法符号包括空白符和注释、常数、字符串、标识符、关键字和操作符。

1. 空白符和注释

Verilog HDL 的空白符包括空格、Tab 键、换行符及换页符，空白符起到分隔符的作用。

在 Verilog HDL 中，注释的定义与 C 语言完全一致，分单行注释与多行注释两类。单行注释以“//”开始，到行末结束，不允许续行；多行注释以“/*”开始，到“*/”结束，可以跨越多行，但不允许嵌套。

2. 常数

在 Verilog HDL 中，常数包括数字、未知 x 和高阻 z 这 3 种。数字可以用二进制、八进制、十进制和十六进制等 4 种不同的数字来表示，完整的数字格式为：

<位宽>'<进制符号><数字>

其中，位宽表示数字对应二进制数的位数宽度；进制符号 b 或 B 表示二进制数，d 或 D 表示十进制数，o 或 O 表示八进制数，h 或 H 表示十六进制数。十进制数的位宽和进制符号可以默认，例如：

```
8b'10110001          //表示位宽为 8 位的二进制数 10110001
8h'f5                //表示位宽为 8 位的十六进制数 f5
125                  //表示十进制数 125
```

另外，用 x 和 z 分别表示未知值和高阻值，它们可以出现在除十进制数以外的数字形式中。x 和 z 的位数由所在的数字格式决定，在二进制中，一个 x 或 z 表示一位未知位或一位高阻位；在八进制中，一个 x 或 z 表示 3 位未知位或 3 位高阻位；在十六进制中，一个 x 或 z 表示 4 位未知位或 4 位高阻位，例如：

```
8b'1111xxxx          //等价于 8h'fx
```

3. 字符串

字符串是用双引号“”括起来的字符序列，它必须包含在同一行中，不能多行书写。在表达式或赋值语句中作为操作数的字符串被看做 ASCII 值序列，即一个字符串中的每一个字符对应一个 8 位的 ASCII 值。

4. 标识符

标识符是用户编程时为常量、变量、模块、寄存器、端口、连线、示例和 begin-end

块等元素定义的名称。标识符可以是由字母、数字和下画线“_”等符号组成的任意序列。定义标识符时应遵循以下规则：

（1）首字符不能是数字；

（2）字符数不能多于 1024 个；

（3）大小写字母是不同的；

（4）不要与关键字同名。

5．关键字

Verilog HDL 内部已经使用的字符称为关键字，用户应避免使用。注意所有的关键字都是小写的。表 2-2 列出了 Verilog HDL 关键字的清单。

表 2-2　Verilog HDL 关键字

always	case	edge	endtask	highz1	large
and	casex	else	event	if	macromodule
assign	casez	end	for	ifnone	nand
attribute	cmos	endattribute	force	initial	negedge
begin	deassign	endmodule	forever	inout	nmos
buf	default	endprimitive	fork	input	nor
bufif0	defparam	endspecify	function	integer	not
bufif1	disable	endtable	highz0	join	notif0
notif1	pulldown	rtranif0	strong1	tri1	weak1
or	pullup	rtranif1	supply0	triand	while
output	rcmos	scalared	supply1	trior	wire
parameter	reg	signed	table	trireg	wor
pmos	release	small	task	unsigned	xnor
posedge	repeat	specify	tranif0	vectored	
primitive	rnmos	specparam	tranif1	wait	
pull0	rpmos	strength	tri	wand	
pull1	rtran	strong0	tri0	weak0	

6．操作符

操作符又称为运算符，按照操作数个数的不同，可以分为一元操作符、二元操作符和三元操作符；按功能的不同，可以大致分为算术操作符、逻辑操作符和比较操作符等几类。Verilog HDL 操作符及说明如表 2-3 所示。

表 2-3　Verilog HDL 操作符及说明

分类	操作符及功能		简要说明
算术操作符	+	加	二元操作符，即有两个操作数。操作数可以是物理数据类型，也可以是抽象数据类型
	-	减	
	*	乘	
	/	除	
	%	求余	

续表

<table>
<tr><th>分类</th><th>操作符及功能</th><th>简要说明</th></tr>
<tr><td>比较操作符</td><td>> 大于
< 小于
>= 大于等于
<= 小于等于
== 等于
!= 不等于
=== 全等
!== 不全等</td><td>二元操作符，如果操作数之间的关系成立，返回值为1；否则返回值为0。若某一个操作数的值不定，则关系是模糊的，返回值是不定值x</td></tr>
<tr><td>逻辑操作符</td><td>&& 逻辑与
|| 逻辑或
! 逻辑非</td><td>&&和||为二元操作符；!为一元操作符，即只有一个操作数</td></tr>
<tr><td>位操作符</td><td>～ 按位取反
& 按位与
| 按位或
^ 按位异或
^～（～^） 按位同或</td><td>～是一元操作符，其余都是二元操作符。将操作数按位进行逻辑运算</td></tr>
<tr><td>缩位操作符</td><td>& 缩位与
～& 缩位与非
| 缩位或
～| 缩位或非
^ 缩位异或
^～（～^） 缩位同或</td><td>一元操作符，对操作数各位的值进行运算，如&是对操作数各位的值进行逻辑与运算，得到一个一位的结果值</td></tr>
<tr><td>移位操作符</td><td>>> 右移
<< 左移</td><td>二元操作符，对左侧的操作数进行它右侧操作数指明的位数的移位，空出的位用0补全</td></tr>
<tr><td>条件操作符</td><td>?:</td><td>三元操作符，如a?b:c，若第一个操作数a为逻辑1，则返回第二个操作数b，否则返回第3个操作数c</td></tr>
<tr><td>连接和复制符</td><td>{,}</td><td>将两个或两个以上用逗号分隔的表达式按位连接在一起</td></tr>
</table>

操作符的优先级如表2-4所示，表中顶部的操作符优先级最高，底部的优先级最低，列在同一行的操作符优先级相同。所有的操作符（除“?:”外）在表达式中都是从左向右结合的。可以通过括号来改变优先级，并使运算顺序更清晰。

表2-4　操作符的优先级

<table>
<tr><th>优先级序号</th><th>操作符</th><th>操作符名称</th></tr>
<tr><td>1</td><td>!、～</td><td>逻辑非、按位取反</td></tr>
<tr><td>2</td><td>*、/、%</td><td>乘、除、求余</td></tr>
<tr><td>3</td><td>+、−</td><td>加、减</td></tr>
<tr><td>4</td><td><<、>></td><td>左移、右移</td></tr>
<tr><td>5</td><td><、<=、>、>=</td><td>小于、小于等于、大于、大于等于</td></tr>
<tr><td>6</td><td>= =、!=、= = =、!= =</td><td>等于、不等于、全等、不全等</td></tr>
<tr><td>7</td><td>&、～&</td><td>缩位与、缩位与非</td></tr>
<tr><td>8</td><td>^、^～</td><td>缩位异或、缩位同或</td></tr>
<tr><td>9</td><td>|、～|</td><td>缩位或、缩位或非</td></tr>
<tr><td>10</td><td>&&</td><td>逻辑与</td></tr>
<tr><td>11</td><td>||</td><td>逻辑或</td></tr>
<tr><td>12</td><td>?:</td><td>条件操作符</td></tr>
</table>

2.5　Verilog HDL 数据对象

Verilog HDL 数据对象包括常量和变量。

1．常量

常量是一个恒定不变的数，一般在程序前面定义。常量定义的格式为：

parameter 常量名 1=表达式 1，常量名 2=表达式 2，…，常量名 *n*=表达式 *n*；

其中，parameter 是常量定义关键字，常量名是用户定义的标识符，表达式是为常量赋的值。

2．变量

变量是在程序运行时其值可以改变的量。在 Verilog HDL 中，变量分为连线类型（Net-type）和寄存器类型（Register-type）两种。

（1）连线类型

连线类型对应的是电路中的物理信号连接。对它的驱动有两种方式：一种方式是结构描述中把它连接到一个门或模块的输出端；另一种方式是用连续赋值语句 assign 对其进行赋值。由于 assign 语句在物理上等同于信号之间的实际连接，因而该语句不能出现在过程语句（initial 或 always）后面的过程块语句中。连线类型没有电荷保持作用（trireg 除外），当没有被驱动时，它将处在高阻态 z（对应于 trireg 为 x 态）。

连线类型变量的输出值始终根据输入的变化而更新，它一般用来定义硬件电路中的各种物理连线。表 2-5 所示为 Verilog HDL 提供的连线类型及其功能。

表 2-5　连线类型及其功能

连线类型	功能说明
wire, tri	标准连线（默认为该类型）
wor, trior	具有线或特性的连线
wand, triand	具有线与特性的连线
trireg	具有电荷保持作用的连线
tir1, tri0	上拉电阻（pullup）和下拉电阻（pulldown）
supply0, supply1	电源（逻辑 1）和地（逻辑 0）

wire 是最常用的连线类型变量。在 Verilog HDL 模块中，输入/输出信号类型省略时自动定义为一位位宽的 wire 类型。对综合而言，wire 类型变量的取值可以是 0、1、x 和 z。wire 类型变量的定义格式如下：

wire 变量名 1，变量名 2，…，变量名 *n*；

例如：

```
wire a,b,c;              //定义了 3 个 wire 类型的变量，位宽均为 1 位，可省略
wire[7,0] databus;       //定义了 1 个 wire 类型的变量，位宽均为 8 位
```

（2）寄存器类型

寄存器类型对应的是具有状态保持作用的硬件电路元件，如触发器、锁存器等。寄存

器类型的驱动可以通过过程赋值语句实现，过程赋值语句类似于C语言中的变量赋值语句，在接收下一次过程赋值之前，将保持原值不变。过程赋值语句只能出现在过程语句（initial 或 always）后面的过程块语句中。当寄存器类型没有被赋值时，它将处于不定态 x。

在 Verilog HDL 中，有 4 种寄存器类型的数据类型，如表 2-6 所示。

表 2-6 寄存器类型及其说明

寄存器类型	功能说明
reg	用于行为描述中对寄存器类的说明，由过程赋值语句赋值
integer	32 位带符号整型变量
real	64 位浮点、双精度、带符号实型变量
time	64 位无符号时间变量

integer、real 和 time 这 3 种寄存器类型变量都是纯数学的抽象描述，不对应任何具体的硬件电路，但它们可以描述与模拟有关的计算。例如，可以利用 time 类型变量控制经过特定的时间后执行赋值。

reg 类型变量是最常用的寄存器类型变量，常用于具体的硬件描述，它的定义格式如下：

reg 变量名 1，变量名 2，…，变量名 *n*;

例如：

```
reg a,b,c;          //定义了两个 reg 类型的变量 a、b，位宽均为 1 位
reg[7,0] data;      //定义了一个 reg 类型的变量，位宽均为 8 位
```

位宽为一位的变量称为标量，位宽超过一位的变量称为矢量。

2.6 Verilog HDL 基本语句

Verilog HDL 的语句包括块语句、赋值语句、条件语句和循环语句等。在这些语句中，有些属于顺序执行语句，有些属于并行执行语句。

2.6.1 块语句

块语句通常用来将两条或多条语句组合在一起。块语句有两种：一种是 begin-end 语句，通常用来标志顺序执行的语句，用它来表示的块称为顺序块；一种是 fork-join 语句，通常用来标志并行执行的语句，用它来表示的块称为并行块。当块语句中只包含一条语句时，块标识符 begin-end 和 fork-join 可以省略。

1. 顺序块

顺序块有以下特点：

（1）块内的语句是按顺序执行的，即只有在上面一条语句执行完毕后，下面的语句才能执行；

（2）每条语句的延迟时间是相对于前一条语句的仿真时间而言的；

（3）直到最后一条语句执行完，程序流程控制才跳出该语句块。

顺序块的格式如下：

```
begin                      或          begin：块名
    语句 1；                                块内声明语句
    语句 2；                                语句 1；
      …                                     语句 2；
    语句 n；                                  …
end                                         语句 n；
                                        end
```

其中：

（1）块名即为该块的名字，是一个标识符，其作用在后面将详细介绍。

（2）块内声明语句可以是参数声明语句、reg/integer/real 类型变量声明语句。

例如：

```
begin
    areg=breg;
    #10 creg=areg;      //creg 的值为 breg 的值
                        //在两条赋值语句间延迟 10 个单位时间
end
```

例 2-4 用顺序块和延迟控制组合来产生一个时序波形。

【例 2-4】 顺序块。

```
parameter d=50;          //声明 d 是一个参数
reg[7:0]    r;           //声明 r 是一个 8 位的寄存器类型变量
begin                    //由一系列延迟产生的波形
    #d  r='h35;
    #d  r='hE2;
    #d  r='h00;
    #d  r='hF7;
    #d  ->end_wave;      //触发事件 end_wave
end
```

2．并行块

并行块有以下特点：

（1）块内语句是同时执行的，即程序流程控制一进入到该并行块，块内语句开始同时并行地执行；

（2）块内每条语句的延迟时间是相对于程序流程控制进入到块内的仿真时间的；

（3）延迟时间是用来给赋值语句提供执行时序的；

（4）当按时间时序排序在最后的语句执行完毕或一个 disable 语句执行时，程序流程控制跳出该程序块。

并行块的格式如下：

```
fork                       或          fork：块名
    语句 1；                                块内声明语句
    语句 2；                                语句 1；
```

```
    …
  语句 n;
join
```

```
        语句 2;
         …
        语句 n;
      join
```

其中：

（1）块名即标志该块的一个名字，相当于一个标识符。

（2）块内声明语句可以是参数声明语句、reg/integer/real 类型变量声明语句或事件（event）说明语句。

【例 2-5】 并行块。

```
fork
    #50     r='h35;
    #100    r='hE2;
    #150    r='h00;
    #200    r='hF7;
    #250    ->end_wave;
join
```

例 2-5 用并行块代替了例 2-4 中的顺序块来产生波形，用这两种方法生成的波形是一样的。

3．块名

在 Verilog HDL 中，可以给每个块取一个名字，只需将名字加在关键词 begin 或 fork 后面即可。这样做的原因有以下几点：

（1）可以在块内定义局部变量，即只在块内使用的变量；

（2）可以允许块被其他语句调用，如 disable 语句；

（3）在 Verilog HDL 里，所有的变量都是静态的，即所有的变量都有唯一的存储地址，因此进入或跳出块并不影响存储在变量内的值。

基于以上原因，块名就提供了一个在任何仿真时刻确认变量值的方法。

2.6.2 赋值语句

在 Verilog HDL 中，赋值语句常用于描述硬件设计电路输出与输入之间的信息传送。Verilog HDL 有过程赋值、连续赋值和基本门单元赋值。

1．过程赋值语句

Verilog HDL 对模块的行为描述由一个或多个并行运行的过程块组成，而位于过程块中的赋值语句称为过程赋值语句。过程赋值语句只能对寄存器类型的变量进行赋值。

过程赋值语句出现在 initial 和 always 块语句中，过程赋值语句有两种赋值方式：阻塞型过程赋值与非阻塞型过程赋值。

（1）阻塞型过程赋值

阻塞型过程赋值语句的赋值符号是“=”，语句格式为：

赋值变量=表达式；

阻塞型过程赋值语句的值在该语句结束时就可以得到，如果一个顺序块中包含若干阻塞型过程赋值语句，那么这些赋值语句是按照语句在程序中的顺序由上至下一条一条地执行的，前面的语句没有完成，后边的语句就不能执行，就如同被阻塞了一样。

（2）非阻塞型过程赋值

非阻塞型过程赋值语句的赋值符号是“<=”，语句格式为：

赋值变量<=表达式；

非阻塞型过程赋值语句的值不是在该语句结束时得到的，而在该块语句结束后才能得到。在一个顺序块中，一条非阻塞语句的执行并不会影响块中其他语句的执行。当一个顺序块中的语句全部由非阻塞型过程赋值语句构成时，这个顺序块的执行与并行块是完全一致的。

通过下面两个例子，我们可以比较一下这两种赋值语句。

【例 2-6】 阻塞型过程赋值语句。

```
always @(posedge clk)
    begin
        b=a;
        c=b;
    end
```

【例 2-7】 非阻塞型过程赋值语句。

```
always @(posedge clk)
    begin
        b<=a;
        c<=b;
    end
```

例 2-6 中的 always 块用了阻塞型过程赋值语句，在 clk 上升沿到来时，b 马上取 a 的值，c 马上取 b 的值，所以例 2-6 的综合结果如图 2-4 所示。

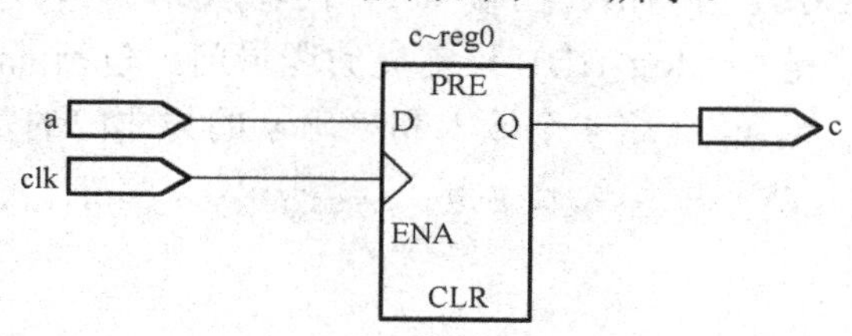

图 2-4 例 2-6 阻塞型过程赋值语句综合结果

例 2-7 中的 always 块用了非阻塞型过程赋值语句，两条赋值语句在顺序块结束语句 end 处同时完成，例 2-7 的综合结果如图 2-5 所示。

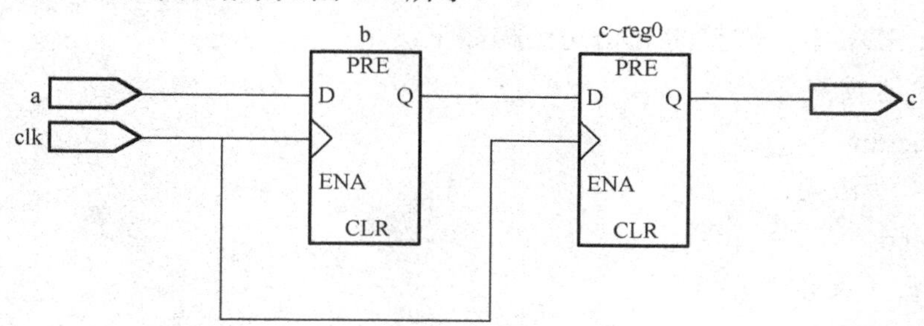

图 2-5 例 2-7 非阻塞型过程赋值语句综合结果

2. 连续赋值语句

Verilog HDL 中的赋值语句主要有两类，一类是上面介绍的过程赋值语句，另一类就是连续赋值语句。它们之间的主要差别如下。

（1）赋值对象不同

连续赋值语句用于对连线类型变量的赋值，过程赋值语句完成对寄存器类型变量的赋值。

（2）赋值过程实现方式不同

连线类型变量一旦被连续赋值语句赋值后，赋值语句右端表达式中的信号有任何变化，都将随时反映到左端的连线类型变量中；过程赋值语句只有在语句被执行到时，赋值过程才进行一次，且赋值过程的具体执行时刻还受到定时控制及延时模式等多方面因素的影响。

（3）语句出现位置不同

连续赋值语句不能出现在任何一个过程块中；过程赋值语句则只能出现在过程块中。

（4）语句结构不同

连续赋值语句的格式：assign 赋值变量=表达式，语句中的赋值算符只有阻塞型一种形式；过程赋值语句不需要相应的先导关键词，语句中的赋值算符有阻塞型和非阻塞型两类。

（5）冲突处理方式不同

一条连线可被多条连续赋值语句同时驱动，最后的结果依据连线类型的不同有相应的冲突处理方式；寄存器变量在同一时刻只允许一条过程赋值语句对其进行赋值。

3．基本门单元赋值

基本门单元赋值语句的格式为：

基本逻辑门关键字（门输出，门输入 1，门输入 2，…，门输入 *n*）；

其中，基本门逻辑关键字是 Verilog HDL 预定义的逻辑门，包括 and、or、not、xor、nand 和 nor 等。例如，具有 a、b、c、d 这 4 个输入和输出 y 的与非门的基本门单元赋值语句为：

```
nand(y,a,b,c,d);          //该语句与assign y=~(a&b&c&d)等效
```

2.6.3 条件语句

条件语句包含 if 语句和 case 语句，它们都是顺序语句。

1．if 语句

在 Verilog HDL 中，完整的 if 语句结构如下：

```
if（表达式）
    begin
        语句;
    end
else if （表达式）
    begin
        语句;
    end
else
    begin
        语句;
    end
```

根据需要，if 语句可以写为另外两种变化形式：

① if (表达式)

```
        begin
            语句;
        end
```

② if (表达式)

```
        begin
            语句;
        end
    else
        begin
            语句;
        end
```

在 if 语句中，“表达式”一般为逻辑表达式或关系表达式，也可以是位宽为一位的变量。系统对表达式的值进行判断，若为 0、x、z，按“假”处理；若为 1，按“真”处理，执行相应的语句。语句可以是多句，多句时用“begin-end”语句括起来；也可以是单句，单句的“begin-end”可以省略。对于 if 嵌套语句，如果不清楚 if 和 else 的匹配，最好用“begin-end”语句括起来。

if 语句在程序中用来改变控制流程。

举例：用 if 语句设计 8-3 线优先编码器。8-3 线优先编码器功能表如表 2-7 所示。

表 2-7　8-3 线优先编码器功能表

输入								输出		
din7	din6	din5	din4	din3	din2	din1	din0	dout2	dout1	dout0
0	×	×	×	×	×	×	×	1	1	1
1	0	×	×	×	×	×	×	1	1	0
1	1	0	×	×	×	×	×	1	0	1
1	1	1	0	×	×	×	×	1	0	0
1	1	1	1	0	×	×	×	0	1	1
1	1	1	1	1	0	×	×	0	1	0
1	1	1	1	1	1	0	×	0	0	1
1	1	1	1	1	1	1	0	0	0	0

Verilog HDL 代码如下。

【例 2-8】 8-3 线优先编码器。

```
module encode8_3(y,a);
input[7:0] din;
output[2:0] dout;
reg[2:0]    y;
always @(a)
```

```
        begin
            if (~din [7])       dout <=3'b111;
            else if (~din [6]) dout <=3'b110;
            else if (~din [5]) dout <=3'b101;
            else if (~din [4]) dout <=3'b100;
            else if (~din [3]) dout <=3'b011;
            else if (~din [2]) dout <=3'b010;
            else if (~din [1]) dout <=3'b001;
            else                dout <=3'b000;
        end
    endmodule
```

2. case 语句

case 语句是一种多分支的条件语句，完整的 case 语句的格式为：

case（表达式）

选择值 1：语句 1；

选择值 2：语句 2；

…

选择值 *n*：语句 *n*；

default：语句 *n*+1；

endcase

执行 case 语句时，首先计算表达式的值，然后执行在条件句中找到的与“选择值”相同的分支，执行后面的语句。当表达式的值与所有分支中的“选择值”都不同时，执行 default 后的语句，default 语句如果不需要，可以省略。

case 语句多用于数字系统中的译码器、数据选择器、状态机及微处理器的指令译码器等电路的描述。

举例：用 case 语句设计一个四选一数据选择器。

四选一数据选择器的逻辑符号如图 2-6 所示，其逻辑功能表如表 2-8 所示。它的功能是在控制输入信号 s1 和 s2 的控制下，从输入数据信号 a、b、c、d 中选择一个传送到输出 out。

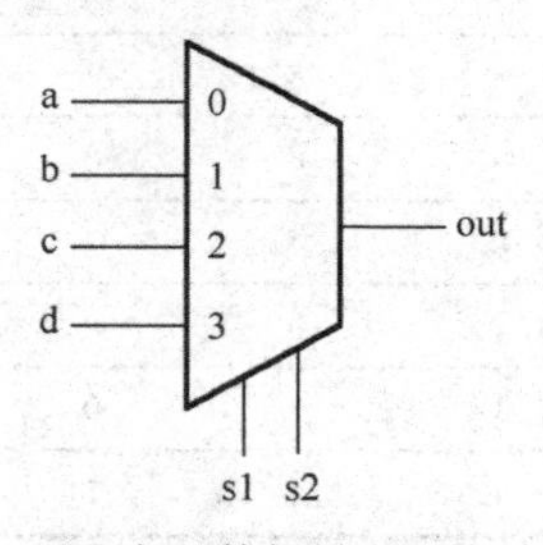

图 2-6 四选一数据选择器逻辑符号

表 2-8 四选一数据选择器逻辑功能表

s2	s1	out
0	0	a
0	1	b
1	0	c
1	1	d

s2 和 s1 有 4 种组合值，可以用 case 语句实现其功能。四选一数据选择器的 Verilog HDL 代码如下。

【例 2-9】 四选一数据选择器。

```
module mux41(out,a,b,c,d,s1,s2);
input s1,s2;
input a,b,c,d;
output out;
reg out;
always @(s1 or s2)
    begin
        case ({s2,s1})
            2'b00:          out=a;
            2'b01:          out=b;
            2'b10:          out=c;
            2'b11:          out=d;
        endcase
    end
endmodule
```

2.6.4　循环语句

循环语句包括 for 语句、repeat 语句、while 语句和 forever 语句 4 种。

1．for 语句

for 语句的语法格式为：

for （循环指针=初值；循环指针<终值；循环指针=循环指针+步长）

　　begin

　　　　语句；

　　end

举例：用 for 语句实现 8 位奇偶校验器。a 为输入信号，它是位宽为 8 位的矢量。当 a 中有奇数个 1 时，奇偶校验器输出为 1；否则为 0。它的 Verilog HDL 代码如下。

【例 2-10】 用 for 语句实现 8 位奇偶校验器。

```
module parityfor(a,out);
input[7:0]  a;
output out;
reg out;
integer n;
always @(a)
    begin
        out=0;
        for (n=0;n<8;n=n+1)     out=out^a[n];
    end
endmodule
```

2．repeat 语句

repeat 语句的语法格式为：

repeat （循环次数表达式） 语句；

举例：用 repeat 语句实现例 2-10 的 8 位奇偶校验器，Verilog HDL 代码如下。

【例 2-11】 用 repeat 语句实现 8 位奇偶校验器。

```
module parityrep(a,out);
parameter size=7;
input[7:0]  a;
output out;
reg out;
integer n;
always @(a)
    begin
        out=0;
        n=0;
        repeat(size)
            begin
                out=out^a[n];
                n=n+1;
            end
    end
endmodule
```

3．while 语句

while 语句的语法格式为：

while （循环执行条件表达式）

begin

重复执行语句；

修改循环条件语句；

end

while 语句在执行时，首先判断循环执行条件表达式是否为真。若为真，则执行后面的语句；否则，不执行，即循环结束。为了使 while 语句能够结束，在循环执行的语句中必须包含一条能改变循环条件的语句。

举例：用 while 语句实现例 2-10 的 8 位奇偶校验器，Verilog HDL 代码如下。

【例 2-12】 用 while 语句实现 8 位奇偶校验器。

```
module paritywh(a,out);
input[7:0]  a;
output out;
reg out;
integer n;
always @(a)
```

```
        begin
            out=0;
            n=0;
            while (n<8)
                begin
                    out=out^a[n];
                    n=n+1;
                end
        end
    endmodule
```

4．forever 语句

forever 语句的语法格式为：

```
forever
    begin
        语句；
    end
```

forever 是一种无限循环语句，它不断执行后面的语句或语句块，永远不会结束。forever 语句常用来产生周期性的波形，作为仿真激励信号。例如，产生时钟 clk 的语句为：

```
#10 forever #10 clk=!clk;
```

第3章　EDA技术基本实践项目

本章为读者提供了10个EDA技术基本实践项目，内容相对简单，目的是让读者以最快的方式了解EDA设计及Verilog HDL建模的方法。

项目1　基于原理图的EDA设计

与早期的MAX+plus II相比，Quartus II提供了更强大、更直观便捷和操作灵活的原理图输入设计功能，同时还配备了更丰富的、适用于各种需要的元件库，其中包含基本逻辑元件库（如逻辑门、D触发器等）、宏功能元件（包含几乎所有的74系列器件），以及类似于IP核的参数可设置的宏功能模块库（LPM）。Quartus II同样提供了原理图输入多层次设计功能，使得用户能设计更大规模的电路系统。

1．实验目的

（1）掌握Quartus II软件的设计流程。

（2）掌握原理图输入设计方法。

（3）掌握利用EDA软件进行层次化设计的方法。

2．实验原理

（1）用原理图输入方法在Quartus II中设计一个任意进制计数器/分频器。

计数器是指对外部时钟脉冲进行计数，计数到一定数值产生溢出。分频器是把外部时钟频率降低若干倍。计数器和分频器是同一个过程的不同叫法。用原理图输入方法设计一个任意进制计数器/分频器，首先要选定Quartus II元件库中的相应元件，接下来用反馈清零法或反馈置数法构成任意进制计数器，在一些情况下还需要考虑多块计数器间的级联。原理图设计输入的详细步骤见1.3节。

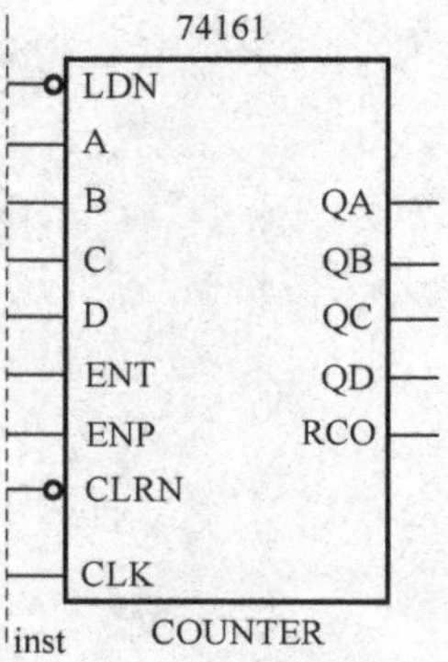

【例3-1】 在Quartus II中，用原理图输入方法设计一个基于74161的模十分频器，要求输出占空比为50%。

74161是4位二进制的同步置数异步清零的加法计数器，此计数器可用其同步置数端和异步清零端构成十六以内任意进制计数器或分频器。Quartus II的宏功能库中包含几乎所有的74系列器件，可以直接在图形编辑框中直接输入元件名得到，Quartus II中的74161元件图如图3-1所示，元件功能可以从帮助文件（Help→Megafunctions/LPM）中查到。

为了清楚介绍该实例，我们将74161的功能表在表3-1中列出。

74161
LDN
A
B
C
D
ENT
ENP
CLRN
CLK
QA
QB
QC
QD
RCO
inst
COUNTER

图3-1　74161元件图

表 3-1　74161 功能表

CLRN	LDN	ENP	ENT	CLK	QD	QC	QB	QA	工作状态
0	—	—	—	—	—	—	—	—	清零
1	0	—	—	↑	D	C	B	A	置数
1	1	1	1	↑	—	—	—	—	加法计数
1	1	0	1	—	—	—	—	—	保持
1	1	—	0	—	—	—	—	—	保持，RCO=0

由于要求分频器输出占空比为 50%，只能采用反馈置数法，在计数器输出 QDQCQBQA = 1100 时，置数（DCBA=0011），这样实现计数状态 0011～1100 的十进制计数，计数器最高位输出 QD 的频率为时钟频率的十分之一，占空比为 50%。模十分频器的电路原理图如图 3-2 所示。

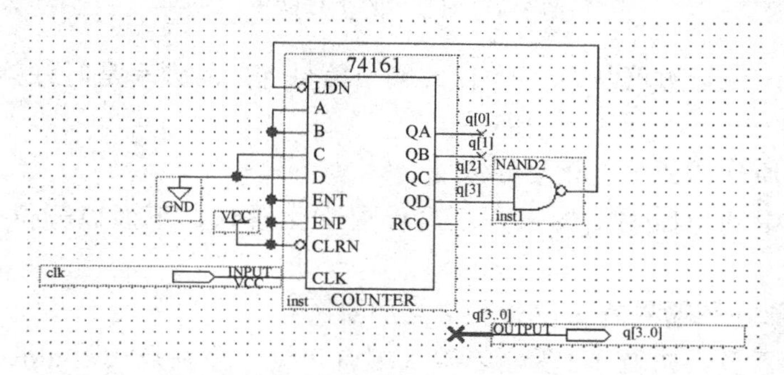

图 3-2　输出占空比为 50%的模十分频器的电路原理图

在本例中，我们采用总线形式输出，即把分频器的输出 q[3]、q[2]、q[1]、q[0]合并为总线的表达方式 q[3..0]。在原理图的绘制过程中，应特别注意图形设计规则中信号标号和总线的表达方式，粗线条表示总线，图 3-2 中总线 q[3..0]与计数器每个输出端口通过标号的方式进行连接。注意：原理图输入法中总线的表示方法和 Verilog HDL 中的有区别。

全程编译无错后进行仿真测试。为了便于观察仿真结果，仿真波形文件中的输出也采用总线形式。为了更好地分析仿真结果，还可以修改输入、输出节点的数制表示方法。具体方法如下：在仿真报告中，选中输出信号 q，单击鼠标右键选择 Properties 选项，会弹出图 3-3 所示的节点属性（Node Properties）窗口，在 Radix 一栏可以选择 q 的数制，本例中我们选择 Unsigned Decimal，即无符号十进制数。

Node Properties
General
Name: q
Type: OUTPUT
Value type: 9-Level
Radix: ASCII
Bus width:
Display gr
ASCII
Binary
Fractional
Hexadecimal
Octal
Signed Decimal
Unsigned Decimal
取消

图 3-3　输出信号 q 的数制选择

仿真结果如图 3-4 所示，单击 q 前面的“+”可以展开总线形式，观察每根信号的波形。

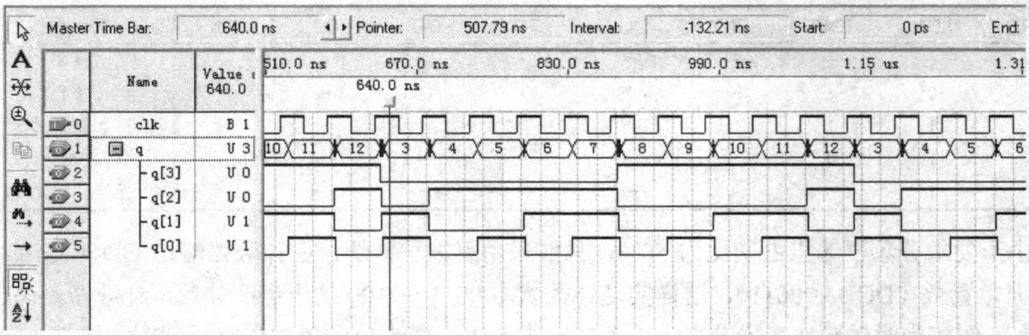

图 3-4 例 3-1 的仿真结果

仿真结果显示，该计数器从 3 计至 12，输出信号 q[3]的频率是时钟频率的十分之一，占空比为 50%。

（2）掌握基于原理图的层次化设计方法。

在 Quartus II 中利用原理图输入方法进行层次化设计，下面以一位全加器为例进行介绍。

【例 3-2】 用原理图输入方法设计一位全加器。

一位全加器的真值表如表 3-2 所示，输入端有 3 个，分别是加数 ain、被加数 bin 和来自低位的进位 cin，两个输出分别是进位端 cout 和求和端 sum。

表 3-2 一位全加器的真值表

输入			输出	
cin	bin	ain	cout	sum
0	0	0	0	0
0	0	1	0	1
0	1	0	0	1
0	1	1	1	0
1	0	0	0	1
1	0	1	1	0
1	1	0	1	0
1	1	1	1	1

一位全加器可以用两个半加器以及一个或门连接而成，半加器为底层文件，全加器为顶层文件。对于分层次的 EDA 设计，创建工程时注意工程名要与顶层文件名相同。

首先完成底层文件——半加器图形输入，详见 1.3 节，文件名为 hadder.bdf，接下来将半加器设置成可调用的底层文件，如图 3-5 所示。

在半加器原理图文件 hadder.bdf 打开的情况下，选择 File→Creat/Update→Create Symbol Files for Current File 命令，可将当前电路图变成一个后缀名为 bsf 的元件符号保存，以便在高层次设计中调用。

图 3-6 所示是名为 hadder.bsf 的元件符号。这样，用户设计的元件可以和 Quartus II 元件库中的元件一样被更高层的设计调用。

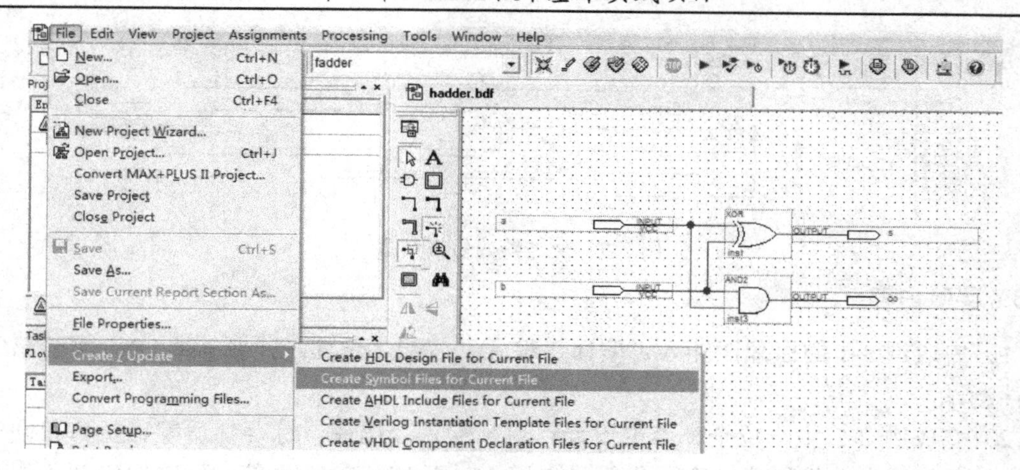

图 3-5　将半加器设置成可调用的底层元件

重新打开一个原理图编辑窗口，进行顶层文件设计，本例是全加器设计，命名为 fadder.bdf。为本设计创建工程，工程名必须与顶层文件名相同，也为 fadder。在顶层文件中添加元件，包括前面设计的底层文件 hadder，如图 3-7 所示。添加输入/输出端口和或门等元件，并用连线工具连好，完整的全加器原理图设计文件如图 3-8 所示。

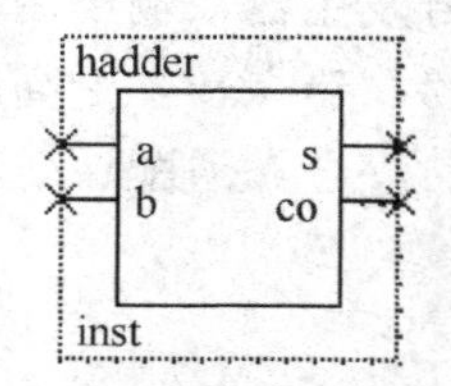

图 3-6　元件符号 hadder.bsf

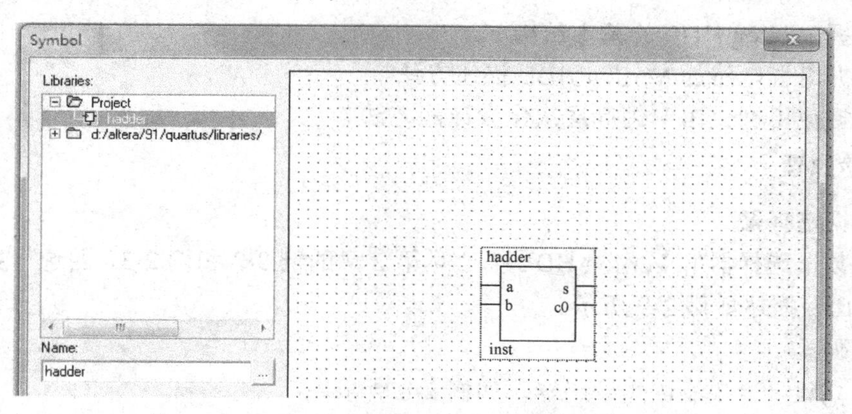

图 3-7　在顶层文件中添加底层元件——半加器

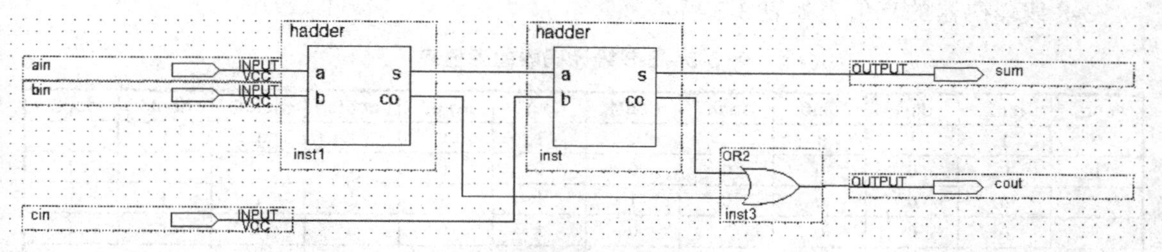

图 3-8　全加器原理图设计文件

全程编译无错后进行仿真测试，仿真结果如图 3-9 所示。

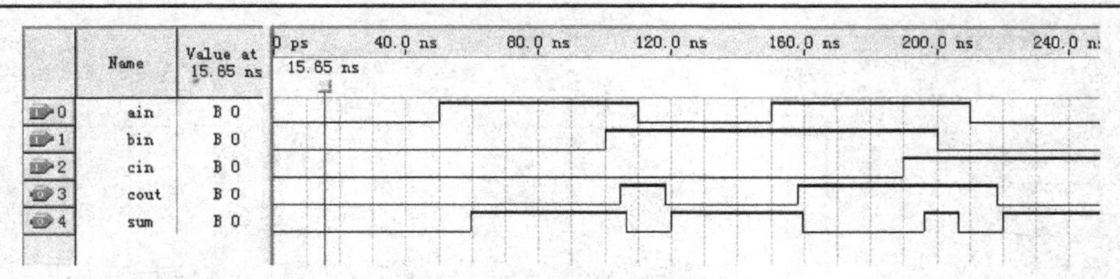

图 3-9 全加器的仿真结果

3. 实验内容

（1）完成例 3-1 的原理图输入、编译、综合、适配、仿真，并在 KX_DN3 实验箱上进行硬件测试。

（2）完成例 3-2 中一位全加器的设计，包括输入、编译、综合、适配、仿真和硬件测试。将此全加器电路设置成一个元件符号入库。对于 KX_DN3 系统，可用拨码开关作为输入信号发生器，输出用发光二极管显示。

（3）建立一个更高层次的原理图设计，利用以上一位全加器构成 8 位全加器，并完成编译、综合、适配、仿真和硬件验证。

项目 2 组合逻辑电路设计

1. 实验目的

（1）掌握 Verilog HDL 的基本结构。

（2）掌握组合电路的 Verilog HDL 描述方法。

（3）掌握使用例化语句进行层次化设计的方法。

2. 实验原理

（1）数据选择器

二选一数据选择器的 Verilog HDL 描述见第 2 章的例 2-2 和例 2-3，四选一数据选择器的 Verilog HDL 描述如例 2-9 所示。

（2）编码器

用 if 语句设计 8-3 线优先编码器，如例 2-8 所示。

（3）译码器

3-8 线译码器的真值表如表 3-3 所示。

表 3-3 3-8 线译码器的真值表

ena	din2	din1	din0	dout0	dout1	dout2	dout3	dout4	dout5	dout6	dout7
0	1	1	1	1	1	1	1	1	1	1	1
1	0	0	0	0	0	0	1	1	1	1	1
1	0	0	0	0	1	1	0	1	1	1	1
1	0	0	0	1	0	1	1	0	1	1	1
1	0	0	0	1	1	1	1	1	0	1	1
1	0	0	1	0	0	1	1	1	1	0	1
1	0	0	1	0	1	1	1	1	1	1	0
1	0	0	1	1	0	1	1	1	1	1	1
1	0	0	1	1	1	1	1	1	1	1	1

3-8 线译码器的 Verilog HDL 描述方法有很多，下面介绍 3 种常用方法。

【例 3-3】 用 case 语句实现 3-8 线译码器。

```
module decode3_8(dout,din,ena);
    input [2:0] din;
    input ena;
    output [7:0] dout;
    reg [7:0] dout;
always @(din or ena)
begin
   if (ena==1)
         case (din )
         3'b000: dout=8'b11111110;
         3'b001: dout=8'b11111101;
         3'b010: dout=8'b11111011;
         3'b011: dout=8'b11110111;
         3'b100: dout=8'b11101111;
         3'b101: dout=8'b11011111;
         3'b110: dout=8'b10111111;
         3'b111: dout=8'b01111111;
         default: dout=8'bxxxxxxxx;
         endcase
   else
         dout=8'b11111111;
end
endmodule
```

仿真结果如图 3-10 所示。

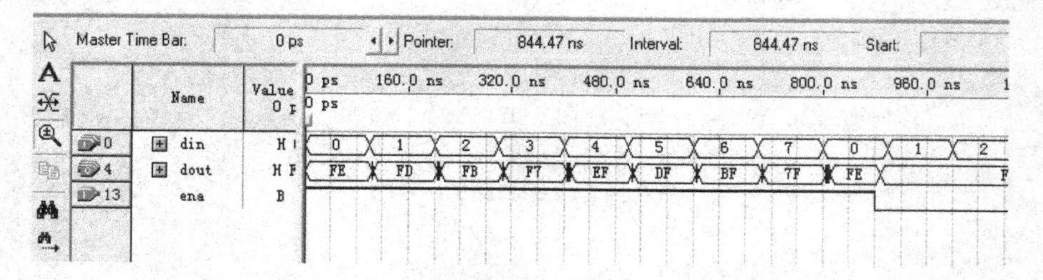

图 3-10　3-8 线译码器的仿真结果

【例 3-4】 用 if 语句实现 3-8 线译码器。

```
module decode3_8(dout,din,ena);
    input [2:0] din;
    input ena;
    output [7:0] dout;
    reg [7:0] dout;
always @(din or ena)
begin
      if (ena==1)
```

```
            if(din==3'b000)
                    dout=8'b11111110;
            else if(din==3'b001)
                    dout=8'b11111101;
            else if(din==3'b010)
                    dout=8'b11111011;
            else if(din==3'b011)
                    dout=8'b11110111;
            else if(din==3'b100)
                    dout=8'b11101111;
            else if(din==3'b101)
                    dout=8'b11011111;
            else if(din==3'b110)
                    dout=8'b10111111;
            else if(din==3'b111)
                    dout=8'b01111111;
            else
                    dout=8'bxxxxxxxx;
        else
            dout = 8'b11111111;
end
endmodule
```

【例 3-5】 用带条件的连续信号赋值语句实现 3-8 线译码器。

```
module decode3_8(dout,din,ena);
input [2:0] din;
input ena;
output [7:0] dout;
assign dout =
        ({ena,din}==4'b1000)?8'b1111_1110:
        ({ena,din}==4'b1001)?8'b1111_1101:
        ({ena,din}==4'b1010)?8'b1111_1011:
        ({ena,din}==4'b1011)?8'b1111_0111:
        ({ena,din}==4'b1100)?8'b1110_1111:
        ({ena,din}==4'b1101)?8'b1101_1111:
        ({ena,din}==4'b1110)?8'b1011_1111:
        ({ena,din}==4'b1111)?8'b0111_1111:
        8'b1111_1111;
endmodule
```

（4）加法器

前面 1.3 节和例 3-2 分别介绍了用原理图输入方法设计的一位半加器和一位全加器，现在我们用含有层次结构的 Verilog HDL 程序设计方法来描述它们，从而引出例化语句结构的使用方法。我们知道，一位全加器可以用两个半加器以及一个或门连接而成，首先用 Verilog HDL 描述两个底层元件——半加器和二输入或门，然后用例化语句描述全加器顶层元件。

【例 3-6】　一位半加器的 Verilog HDL 描述。

```
module h_adder(a,b,so,co);
    input a,b;
    output so,co;
    assign so=a^b;
    assign co=a&b;
endmodule
```

【例 3-7】　二输入或门的 Verilog HDL 描述。

```
module or2a(a,b,c);
    input a,b;
    output c;
    assign c=a|b;
endmodule
```

【例 3-8】　顶层文件一位全加器的 Verilog HDL 描述（例化语句）。

```
module f_adder(ain,bin,cin,cout,sum);
    input ain,bin,cin;
    output cout,sum;
    wire e,d,f;
    h_adder u1(ain,bin,e,d);
    h_adder u2(e,cin,sum,f);
    or2a u3(d,f,cout);
endmodule
```

Verilog HDL 中例化语句的一般格式：

<模块元件名> <例化元件名>(.例化元件端口（例化元件外接端口名），…);

在实验过程中，我们要将上面 3 个 Verilog HDL 设计文件都放在工作文件夹中，Quartus II 要求 Verilog HDL 文件名必须与模块名一致，因此上面 3 个文件名分别为：h_adder.v、or2a.v 和 f_adder.v。另外，创建工程时注意工程名要与顶层文件名一致，这里应该是 f_adder。

对于分层次的 Verilog HDL 描述，可以通过 RTL 观察器来了解 Verilog HDL 描述电路的大致结构，可选择 Tools→Netlist Viewers/Update→RTL Viewer。例 3-8 描述的分层次的一位全加器 RTL 图如图 3-11 所示。从图中可以看到，RTL 图能比较直观地反映电路的大致结构，特别是能清楚地体现分层次的电路中各元件之间的连接关系，但电路的详细功能还需要通过仿真来了解。

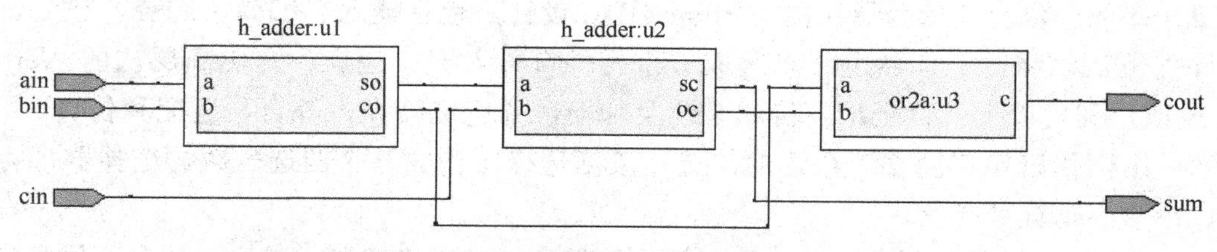

图 3-11　分层次的一位全加器 RTL 图

对于分层次的 EDA 设计，也可以将原理图输入方法和 Verilog HDL 文本输入方法结合起来，即底层元件的设计采用 Verilog HDL 描述，顶层文件采用原理图输入方法，这在实际应用中经常用到。

另外也可以不采用分层次的结构，直接描述一位全加器。

【例 3-9】 一位全加器的 Verilog HDL 描述（不使用例化语句）。

```
module f_adder(ain,bin,cin,cout,sum);
    input ain,bin,cin;
    output cout,sum;
assign {cout,sum}=ain+bin+cin;
endmodule
```

（5）比较器

比较器是对两个数进行比较，以判断其大小的逻辑电路。两个数 A 和 B 相比较，比较结果有 $A>B$、$A<B$ 和 $A=B$ 这 3 种情况。4 位数据比较器即将两个 4 位二进制数比较大小，其真值表如表 3-4 所示。

表 3-4 4 位数据比较器真值表

比较输入				输出		
A_3, B_3	A_2, B_2	A_1, B_1	A_0, B_0	$A>B$	$A<B$	$A=B$
$A_3>B_3$	×	×	×	H	L	L
$A_3<B_3$	×	×	×	L	H	L
$A_3=B_3$	$A_2>B_2$	×	×	H	L	L
$A_3=B_3$	$A_2<B_2$	×	×	L	H	L
$A_3=B_3$	$A_2=B_2$	$A_1>B_1$	×	H	L	L
$A_3=B_3$	$A_2=B_2$	$A_1<B_1$	×	L	H	L
$A_3=B_3$	$A_2=B_2$	$A_1=B_1$	$A_0>B_0$	H	L	L
$A_3=B_3$	$A_2=B_2$	$A_1=B_1$	$A_0<B_0$	L	H	L
$A_3=B_3$	$A_2=B_2$	$A_1=B_1$	$A_0=B_0$	L	L	H

注：H=HIGH Level, L=LOW Level, ×=Don't Care

3．实验内容

（1）例 2-8 用 if 语句实现了一个 8-3 线优先编码器，现要求用 case 语句实现同样电路，完成 Verilog HDL 文本输入、编译、综合、适配及仿真，并在 KX_DN3 实验箱上进行硬件测试。

（2）完成一位全加器分层次的 Verilog HDL 设计，包括输入、编译、综合、适配、仿真和硬件测试。将此全加器电路设置成一个元件符号入库。建立一个更高层次的 Verilog HDL 设计，利用以上一位全加器构成 8 位全加器，并完成编译、综合、适配和仿真。

（3）用例化语句将例 2-2 描述的二选一数据选择器构成一个四选一数据选择器，完成编译、综合、适配和仿真。

（4）用 Verilog HDL 描述一个 4 位二进制比较器，并完成编译、综合、适配、仿真和硬件测试。对于 KX_DN3 系统，可用拨码开关作为输入信号发生器，输出用发光二极管显示。

项目 3　时序逻辑电路设计

1. 实验目的

（1）掌握 Verilog HDL 基本结构。

（2）掌握时序电路的设计方法，了解同步信号与异步信号的区别。

（3）掌握异步时序电路、计数器及移位寄存器的 Verilog HDL 描述方法。

2. 实验原理

（1）触发器

D 触发器是最简单、最常用、最具代表性的时序元件，它是现代数字系统设计中最基本的底层时序单元，JK 触发器和 T 触发器都是由 D 触发器构建而来的，因此我们主要介绍 D 触发器的 Verilog HDL 描述。

基本 D 触发器的 Verilog HDL 代码见第二章的例 2-1，例 3-10 和例 3-11 是带复位、清零控制端的一般 D 触发器。

【例 3-10】 带异步清 0、异步置 1 控制端的 D 触发器。

```
module dff1(q,d,clk,setn,rstn);
    input d,clk,setn,rstn;
    output q;
    reg q;
always @(posedge clk or negedge setn or negedge rstn)
begin
    if(!rstn)
        q<=0;   //异步清 0，低电平有效
    else if(!setn)
        q<=1;   //异步置 1，低电平有效
    else q<=d;
end
endmodule
```

【例 3-11】 带同步清 0、同步置 1 控制端的 D 触发器。

```
module dff2(q,d,clk,setn,rstn);
    input d,clk,setn,rstn;
    output q;
    reg q;
always @(posedge clk)
    begin
        if(!rstn)
            q<=0;   //同步清 0，低电平有效
        else if(!setn)
            q<=1;   //同步置 1，低电平有效
```

```
            else q<=d;
            end
endmodule
```

（2）异步时序电路

在时序电路设计中应注意，一个时钟过程只能构成对应单一时钟信号的时序电路，异步逻辑的设计必须采用多个时钟过程语句来实现。图 3-12 所示的电路是一个异步时序电路，其中两个 D 触发器的时钟不是由同一时钟信号控制的。

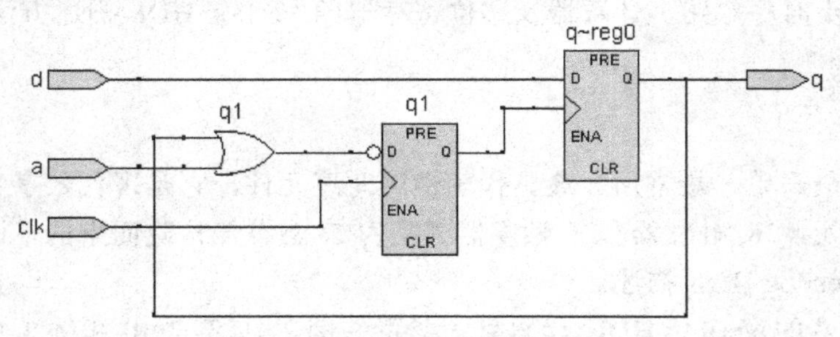

图 3-12 异步时序电路电路图

例 3-12 给出了异步时序电路的 Verilog HDL 描述，采用了两个时钟过程来描述。

【例 3-12】 异步时序电路。

```
module amod(d,a,clk,q);
    input a,d,clk;
    output q;
    reg q,q1;
always @(posedge clk)
        q1=~(a|q);
always @(posedge q1)
        q=d;
endmodule
```

例 3-12 中，时钟过程 1 的输出信号 q1 成了时钟过程 2 的时钟敏感信号及时钟信号，这两个过程通过 q1 进行通信联系。

（3）计数器

计数器是现代数字系统设计中最常用的模块，例 3-1 介绍了基于原理图输入方法的计数器设计，下面介绍计数器的 Verilog HDL 描述。

最简单的 4 位二进制加法计数器如例 3-13 所示，它有一个时钟输入，4 位二进制计数值输出，每经过一个时钟脉冲，输出数据加 1，仿真结果如图 3-13 所示。

【例 3-13】 简单 4 位二进制加法计数器。

```
module cnt4(clk,q);
    input clk;
    output [3:0] q;
    reg [3:0] q1;
```

```
always @(posedge clk)
        q1<=q1+1;          //clk上升沿时，q1加1，否则保持
assign q=q1;
endmodule
```

例 3-13 的仿真结果如图 3-13 所示。

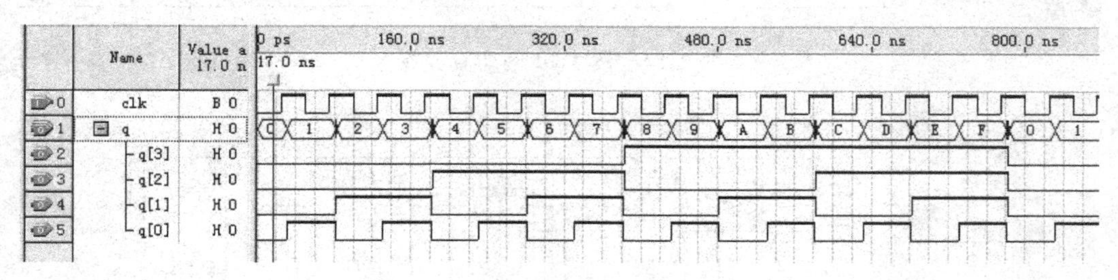

图 3-13　例 3-13 的仿真结果

例 3-14 给出了一个更实用的十进制加法计数器，它带有异步复位、同步计数使能和预置数输入端，仿真结果如图 3-14 所示。

【例 3-14】 一般十进制加法计数器。

```
module cnt10(clk,rstn,en,loadn,cout,dout,data);
    input clk,rstn,en,loadn;
    input [3:0] data;
    output [3:0] dout;          //计数数据输出
    output cout;                //计数进位输出
    reg [3:0] q1;
    reg cout;
assign dout=q1;
always @(posedge clk or negedge rstn)
    begin
        if(!rstn)   q1<=0;      //异步清零
        else if(en)             //同步使能，en=1，允许置数或计数
            begin
                if(!loadn)  q1<=data;   //loadn=0，同步置数
                else    if(q1<9) q1<=q1+1;
                        else q1<=4'b0000;
            end
    end
always @(q1)
        if(q1==4'h9)    cout=1'b1;  //q1=1001时，cout输出进位标志1
        else            cout=1'b0;
endmodule
```

约翰逊（Johnson）计数器又称为扭环形计数器，它是一种用 n 位触发器来表示 $2n$ 个状态的计数器，4 位约翰逊计数器电路如图 3-15 所示。

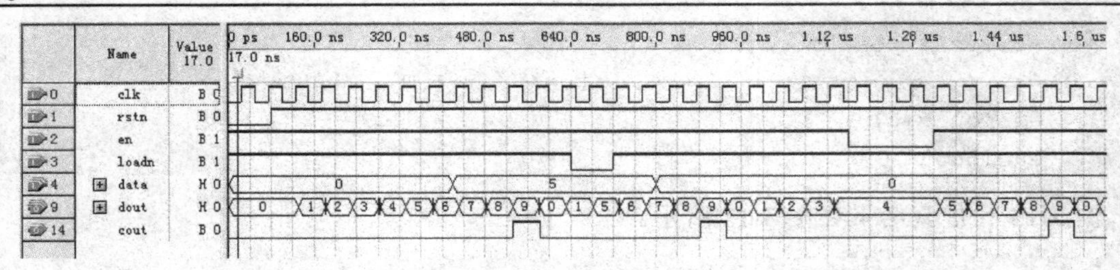

图 3-14 例 3-14 的仿真结果

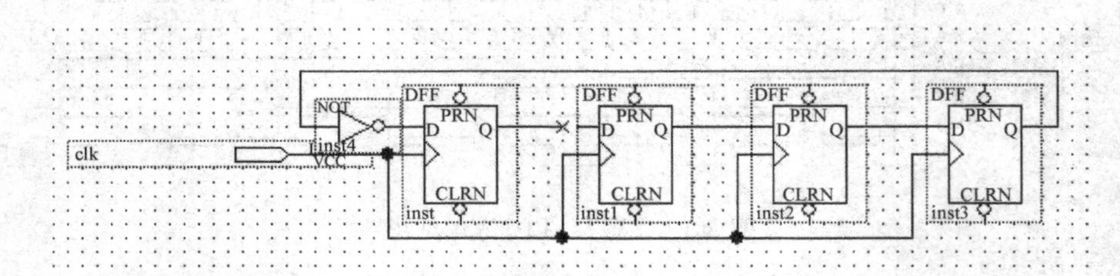

图 3-15 4 位约翰逊计数器电路

4 位约翰逊计数器包括两个状态循环，每个循环有 8 个状态，当一个状态循环为有效时，另一个则为无效状态循环，这与电路初始状态有关。在约翰逊计数器的状态表中，相邻两组代码只可能有一位二进制代码不同，故在计数过程中不会产生错误的译码信号。鉴于这个特点，约翰逊计数器在同步计数器中应用比较广泛。

4 位约翰逊计数器的 Verilog HDL 描述如例 3-15 所示。

【例 3-15】 约翰逊计数器。

```
module johnson(clk,rst,q3,q2,q1,q0);
    input clk,rst;
    output q3,q2,q1,q0;
    reg  q3,q2,q1,q0;
always @(posedge clk or posedge rst)
    if(rst)     {q3,q2,q1,q0}<=4'b0;
    else    begin
                q0<=~q3;
                q1<=q0;
                q2<=q1;
                q3<=q2;
            end
endmodule
```

（4）移位寄存器

移位寄存器也是一种较常用的时序电路，约翰逊计数器也是移位寄存器的一种应用。接下来通过两个例子介绍一般移位寄存器的 Verilog HDL 描述。例 3-16 是一个带有同步并行预置功能的 8 位右移移位寄存器，例 3-17 是模式可控的移位寄存器。

【例 3-16】 带同步并行预置功能的 8 位右移移位寄存器。

```
module shift1(clk,load,din,qb);
    input clk,load;
    input [7:0] din;
```

```
        output qb;
        reg [7:0] reg8;
        always @(posedge clk)
            if(load) reg8<=din;
            else reg8[6:0]<=reg8[7:1];  //右移
        assign qb=reg8[0];
    endmodule
```

它的工作过程如下：当 clk 的上升沿到来时，过程被启动，如果这时置数信号 load 为高电平，则将 8 位二进制预置数 din 同步并行置入移位寄存器，用做串行右移输出的初始值；如果置数信号 load 为低电平，则执行右移操作，注意没有给移位寄存器输出的最高位 reg8[7]赋值，这一位保持初始值不变。

【例 3-17】 模式可控的移位寄存器。

```
module shift2(clk,c0,md,d,qb,cn);
    input clk,c0;          //时钟和进位输入
    input [2:0] md;        //移位模式控制字
    input [7:0] d;         //待加载预置数
    output [7:0] qb;       //移位数据输出
    output cn;             //进位输出
    reg [7:0] reg8;
    reg cy;
always @(posedge clk)
    case(md)
    1: begin reg8[0]<=c0;reg8[7:1]<=reg8[6:0];cy<=reg8[7];end
                                           //带进位循环左移
    2: begin reg8[0]<=reg8[7];reg8[7:1]<=reg8[6:0];end    //自循环左移
    3: begin reg8[7]<=reg8[0];reg8[6:0]<=reg8[7:1];end    //自循环右移
    4: begin reg8[7]<=c0;reg8[6:0]<=reg8[7:1];cy<=reg8[0];end
                                           //带进位循环右移
    5: reg8<=d;      //加载预置数
    default: begin reg8<=reg8;cy<=cy;end
    endcase
assign qb=reg8;
assign cn=cy;
endmodule
```

图 3-16 所示为部分仿真结果，md=101 时加载预置数，md=001 时执行带进位的循环左移。其余移位模式控制字下的仿真请大家自己完成并分析结果。

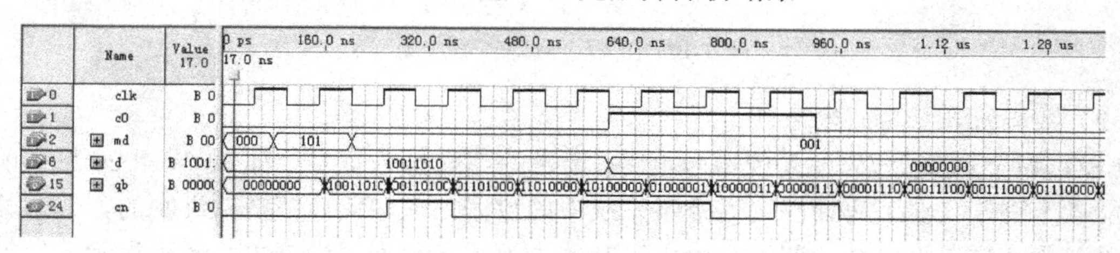

图 3-16　例 3-17 的部分仿真结果

3. 实验内容

（1）对例 3-14 描述的十进制加法计数器进行设计输入、编译、综合、适配和仿真。根据仿真结果详细描述此设计的功能特点，分析 rstn、en、loadn 等信号的同步和异步特性。然后锁定引脚、编程下载并进行硬件测试。

（2）设计一个 60 进制可逆计数器，含异步清零信号 rstn（低电平有效）、同步使能信号 en（高电平有效）和方向控制信号 updown（updown=1 时，加法计数，否则，减法计数），给出仿真结果，并进行硬件测试。

（3）例 3-16 设计的是并进串出移位寄存器，例 3-17 设计的是并进并出移位寄存器。现要求用 Verilog HDL 设计一个串进串出/并出型 8 位移位寄存器，给出仿真结果和功能说明，然后进行硬件测试。

项目 4 数码管显示电路设计

1. 实验目的

（1）掌握 case 语句的使用方法。

（2）学习七段数码显示译码器的 Verilog HDL 设计。

（3）学习硬件扫描显示电路设计。

2. 实验原理

（1）LED 数码管原理

LED 数码管是目前最常用的显示器件之一，它由 8 个发光二极管构成，分别对应 7 位段码（a～g）及一位小数点（h）。LED 数码管分为共阴极和共阳极两种，图 3-17 所示为共阴极数码管的结构图，8个发光二极管的阴极连接在一起作为公共端，公共端接地。如果是共阳极数码管，发光二极管的阳极连接在一起接高电平。

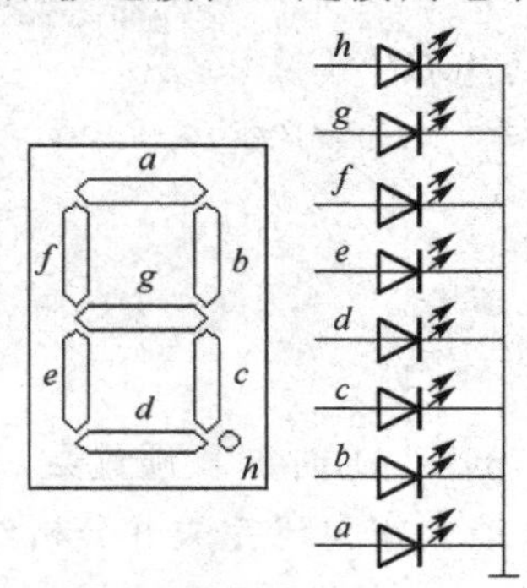

图 3-17 共阴极数码管结构图

（2）数码管显示译码器原理

LED 数码管显示译码器是纯组合电路，通常的小规模专用 IC，如 74 或 4000 系列的器件只能做十进制 BCD 码译码，而数字系统中的数据处理和运算都是二进制的。一个数码管可以显示 4 位二进制数，即一个十六进制数。为了满足十六进制数的译码显示，最方便的方法就是利用 HDL 代码在 FPGA/CPLD 中实现。对共阴极数码管，将数码管的 7 位段码 a～g 分别接可编程逻辑器件的相应引脚，如果某一段码为高电平，则发光二极管导通，数码管对应的段将被点亮。

十六进制数转化成数码管显示的译码电路真值表如表 3-5 所示，这里没有考虑小数点段 h。

表 3-5　十六进制-七段数码管译码器真值表

输入码	输出码（gfedcba）	显示值	输入码	输出码（gfedcba）	显示值
0000	0111111	0	1000	1111111	8
0001	0000110	1	1001	1101111	9
0010	1011011	2	1010	1110111	A
0011	1001111	3	1011	1111100	b
0100	1100110	4	1100	0111001	C
0101	1101101	5	1101	1011110	d
0110	1111101	6	1110	1111001	E
0111	0000111	7	1111	1110001	F

（3）数码管显示原理

数码管有静态和动态两种显示方式，下面分别介绍。

① 静态显示

每个数码管的 8 个段选信号都必须接一个 8 位数据线来保持显示的字形。当送入一次数据后，显示可一直保持，直到送入新的数据为止。其优点是占用时间少，便于控制显示；缺点是占用 I/O 口资源多，对于 N 个数码管，需要 $8N$ 个 I/O 口。十六进制-七段数码显示译码器的 Verilog HDL 描述如例 3-18 所示。

【例 3-18】 十六进制-七段数码显示译码器。

```
module decl7s(a,decl7s);
    input [3:0] a;
    output [6:0] decl7s;
    reg [6:0] decl7s;
always @(a)
    case(a)
        //g f e d c b a
        0: decl7s=7'b0111111;
        1: decl7s=7'b0000110;
        2: decl7s=7'b1011011;
        3: decl7s=7'b1001111;
        4: decl7s=7'b1100110;
        5: decl7s=7'b1101101;
        6: decl7s=7'b1111101;
        7: decl7s=7'b0000111;
        8: decl7s=7'b1111111;
        9: decl7s=7'b1101111;
        10:decl7s=7'b1110111;
```

```
        11:decl7s=7'b1111100;
        12:decl7s=7'b0111001;
        13:decl7s=7'b1011110;
        14:decl7s=7'b1111001;
        15:decl7s=7'b1110001;
    endcase
endmodule
```

例 3-18 的仿真结果如图 3-18 所示，为了便于观察，七段数码管的输出段码采用十六进制表示。

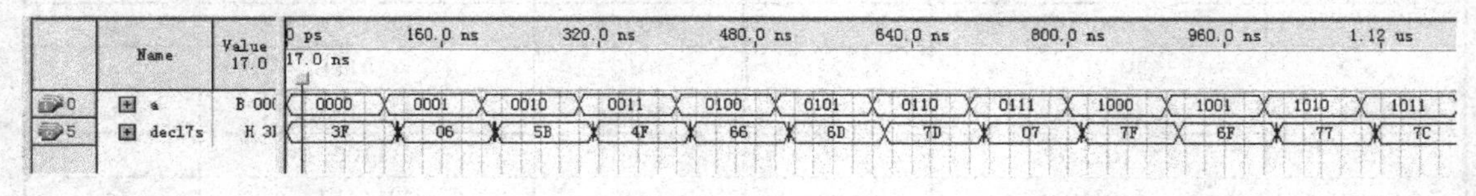

图 3-18　例 3-18 的仿真结果

② 动态显示

也叫做扫描显示，将所有数码管 8 段的同名端分别连接在一起，另外为每个数码管的公共端增加选通控制端，被选通的数码管显示数据，其余关闭。8 位数码管扫描显示电路如图 3-19 所示。

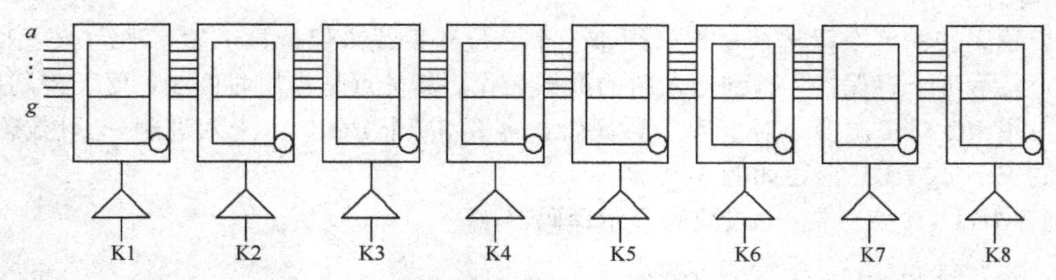

图 3-19　8 位数码管扫描显示电路

图 3-19 中，8 个数码管分别由选通信号 K1～K8 来选择，如果希望在 8 个数码管上显示希望的数据，必须使选通信号分别被单独选通，同时在段信号输入端加上希望在对应数码管上显示的数据。实际上各位数码管并非同时点亮，但只要扫描速度足够快，利用发光二极管的余辉和人眼的视觉暂留作用，可以使人感觉各位数码管同时在显示，这就是数码管的动态显示。动态显示的亮度比静态显示差一些，但能节省大量 I/O 口，功耗更低。

例 3-19 是在 8 个数码管上同时显示数字 1～8 的 Verilog HDL 描述，采用动态扫描显示方法，考虑了小数点位。

【例 3-19】 数码管动态扫描显示。

```
module scan_led(seg,cnt8,clk);
    input clk; //时钟信号
    output[7:0] seg;
    reg[7:0]seg,scan;
    output reg[2:0]cnt8;
    reg[3:0]data;
```

```
always @(posedge clk)
begin
    cnt8<=cnt8+1;
end
always
begin
    case(cnt8[2:0])
        3'b000:begin scan<='b10000000;data[3:0]<=4'b0001;end
        3'b001:begin scan<='b01000000;data[3:0]<=4'b0010;end
        3'b010:begin scan<='b00100000;data[3:0]<=4'b0011;end
        3'b011:begin scan<='b00010000;data[3:0]<=4'b0100;end
        3'b100:begin scan<='b00001000;data[3:0]<=4'b0101;end
        3'b101:begin scan<='b00000100;data[3:0]<=4'b0110;end
        3'b110:begin scan<='b00000010;data[3:0]<=4'b0111;end
        3'b111:begin scan<='b00000001;data[3:0]<=4'b1000;end
        default:begin scan<='bx;data[3:0]<='bx;end
    endcase
    case(data[3:0])
        // h g f e d c b a
        4'b0000:seg[7:0]<=8'b00111111;
        4'b0001:seg[7:0]<=8'b00000110;
        4'b0010:seg[7:0]<=8'b01011011;
        4'b0011:seg[7:0]<=8'b01001111;
        4'b0100:seg[7:0]<=8'b01100110;
        4'b0101:seg[7:0]<=8'b01101101;
        4'b0110:seg[7:0]<=8'b01111101;
        4'b0111:seg[7:0]<=8'b00000111;
        4'b1000:seg[7:0]<=8'b01111111;
        4'b1001:seg[7:0]<=8'b01101111;
        4'b1010:seg[7:0]<=8'b01110111;
        4'b1011:seg[7:0]<=8'b01111110;
        4'b1100:seg[7:0]<=8'b00111001;
        4'b1101:seg[7:0]<=8'b01011110;
        4'b1110:seg[7:0]<=8'b01111001;
        4'b1111:seg[7:0]<=8'b01110001;
        default:seg[7:0]<='bx;
    endcase
end
endmodule
```

数码管动态扫描显示刷新率最好大于 50Hz，即每显示一轮的时间不超过 20ms。每个数码管显示的时间不能太长，也不能太短，时间太长会影响刷新率，导致总体显示呈现闪烁的现象；时间太短，发光二极管的电流导通时间短，会影响总体的显示亮度。一般控制在 1ms 左右最好。

3．实验内容

（1）将例3-18描述的显示译码器代码在Quartus II上进行编辑、编译、综合、适配和仿真，给出时序仿真结果。接下来完成引脚锁定及硬件测试。

（2）用数码管显示十六进制加法计数器结果，顶层文件原理图如图3-20所示。其中，cnt4b是一个4位二进制加法计数器，即十六进制加法计数器，decl7s是数码管显示译码文件，将计数器的结果通过LED数码管显示出来，顶层文件使用例化语句实现。在Quartus II上完成整个电路的设计输入、编译、综合、适配和仿真，进行引脚锁定及硬件测试，clock0接时钟专用引脚，rst0、ena0选定实验箱上开关，led[6:0]接指定数码管各段码，cout0接指示灯。

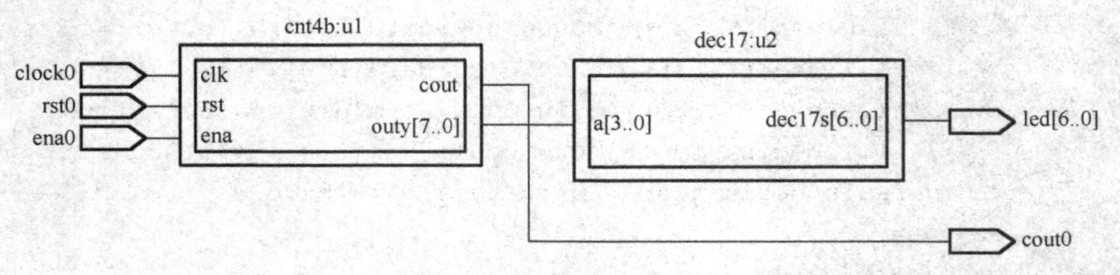

图3-20 计数器和显示译码器连接顶层文件原理图

（3）根据例3-19完成数码管动态扫描显示电路，在Quartus II上进行编辑、编译、综合、适配和仿真，给出时序仿真结果，并完成引脚锁定和硬件测试。

（4）设计一个简易数字钟，能显示小时、分钟、秒，并将结果在6个数码管上动态显示出来，完成设计输入、编译、综合、适配、仿真及硬件验证。

项目5 键盘扫描电路设计

1．实验目的

（1）掌握独立按键的扫描原理。

（2）掌握矩阵按键的扫描原理。

（3）掌握按键消抖的方法。

2．实验原理

键盘是最常见的输入设备，它广泛应用于微型计算机和各种终端设备上。根据按键连接方式的不同可以分为独立式键盘和矩阵式键盘。独立式键盘的每个键相互独立，各与一个I/O口相连，通过读取I/O口的高/低电平状态来识别按键是否按下，如图3-21所示。为了节省I/O，将按键排列成矩阵形式，这就是矩阵式按键结构，如图3-22所示，按键处于矩阵行/列的节点处，通过对连在行（列）的I/O线送出已知电平的信号，然后读取列（行）线的状态信息。键盘扫描要完成判断有无按键按下以及识别哪个按键被按下。

对独立按键，只需读取I/O线的电平状态就能完成键盘扫描。如图3-21所示，测得I/O的电平状态为A3A2A1A0=1101，则可以判断S1按键被按下。

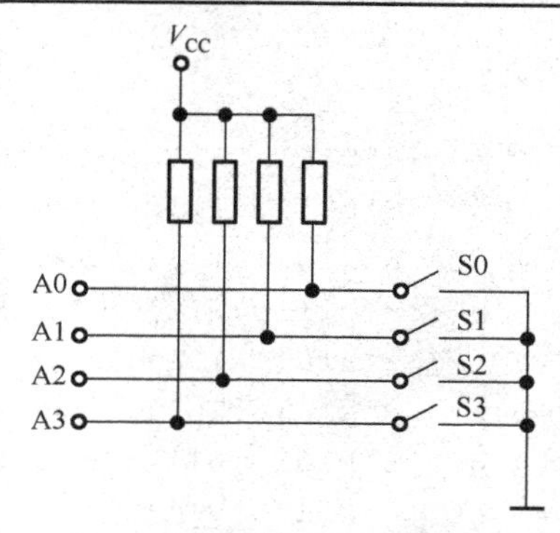

图 3-21　独立式按键结构图

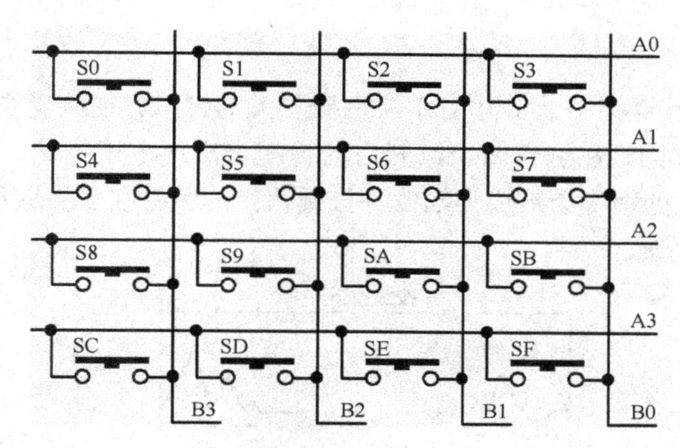

图 3-22　矩阵式按键结构图

对图 3-22 所示的 4×4 矩阵键盘，假设其两个 4 位口 A[3:0]和 B[3:0]都有上拉电阻。当按下某按键后，为了辨别和读取按键信息，一种比较常用的方法是：向行 I/O 口 A 扫描输入一组分别只含一个 0 的 4 位数据，如 1110、1101、1011 等，若有按键按下，在列 I/O 口 B 一定会输出对应的数据。结合 A、B 口的数据，就能判断出按键的位置。如当按键 S0 按下时，若输入 A=1110，那么输出 B=0111，于是{B,A}=0111_1110 就成了 S0 的代码；当按键 S7 按下时，若输入 A=1101，那么输出 B=1110，于是{B,A}=1110_1101 就成了 S7 的代码。4×4 矩阵键盘扫描电路的 Verilog HDL 描述如例 3-20 所示。

【例 3-20】 4×4 矩阵键盘扫描电路。

```
module key4X4(clk,A,B,S);
    input clk;
    input [3:0] B;
    output [3:0] A,S;
    reg [1:0] C;
    reg [3:0] A,S;
always @(posedge clk)
begin
    C<=C+1;
    case(C)
    0:A=4'b1110; 1:A=4'b1101; 2:A=4'b1011; 3:A=4'b0111;
```

```
        endcase
        case({B,A})
        8'b0111_1110: S=4'h0; 8'b1011_1110: S=4'h1;
        8'b1101_1110: S=4'h2; 8'b1110_1110: S=4'h3;
        8'b0111_1101: S=4'h4; 8'b1011_1101: S=4'h5;
        8'b1101_1101: S=4'h6; 8'b1110_1101: S=4'h7;
        8'b0111_1011: S=4'h8; 8'b1011_1011: S=4'h9;
        8'b1101_1011: S=4'hA; 8'b1110_1011: S=4'hB;
        8'b0111_0111: S=4'hC; 8'b1011_0111: S=4'hD;
        8'b1101_0111: S=4'hE; 8'b1110_0111: S=4'hF;
        endcase
    end
    endmodule
```

例3-20没有考虑按键消抖。实际上作为机械开关的键盘，在按键操作时，机械触点由于弹性及电压突跳等原因，在触点闭合或开启的瞬间会出现电压抖动，如图3-23所示，在实际应用时如果不进行处理将会造成误触发。按键消抖的关键在于提取稳定的低电平状态，滤除前沿、后沿抖动毛刺。

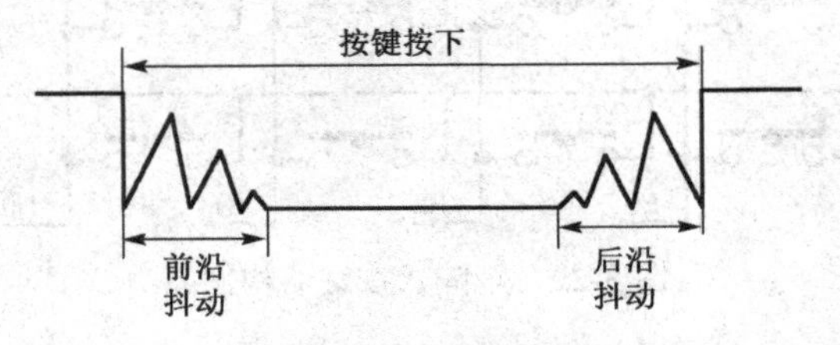

图3-23 按键抖动示意图

按键消抖处理一般有硬件和软件两种方法。软件消抖是在检测到有触发后，延时一段时间后再检测触发状态，如果与之前检测到的状态相同，则认为有按键按下；如果没有，则判断为误触发。按键抖动时间一般为5～10ms，延时时间一般取10～20ms。硬件方案可以通过施密特触发器或双稳态触发器消抖。

在Verilog HDL中，按键消抖的方法很多，常用的有：计数器消抖、D触发器消抖和采样消抖等。计数器消抖是通过构造一个计数器来实现相应的延时。

D触发器型按键消抖电路如图3-24所示。

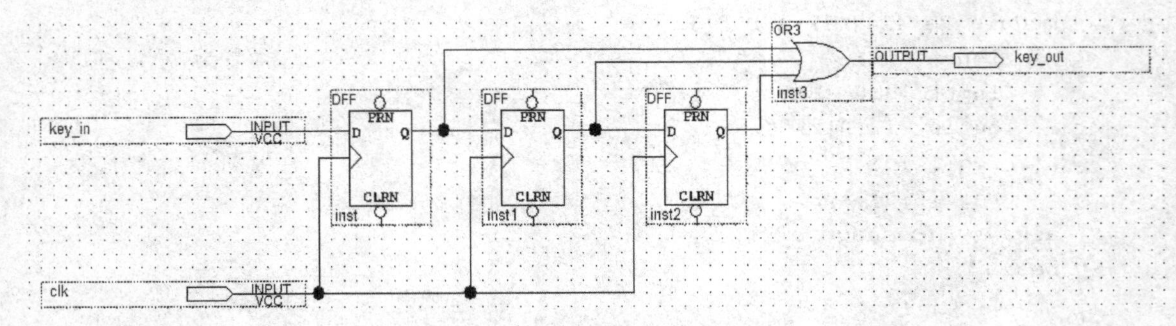

图3-24 D触发器型按键消抖电路

它的工作原理是：对于一个按键信号，可以用一个脉冲对它进行采样，如果连续3次采样为低电平，可以认为信号已经处于键稳定状态，这时输出一个低电平按键信号。继续采样的过程中如果不能满足连续3次采样为低电平，则认为键稳定状态结束，这时输出变为高电平。

D触发器型按键消抖电路的Verilog HDL描述如例3-21所示。

【例3-21】 D触发器型按键消抖电路。

```
module debounce(clk,key_in,key_out);
    input clk,key_in;
    output key_out;
    reg q1,q2,q3;
always @(posedge clk)
    begin
        q1<=key_in;
        q2<=q1;
        q3<=q2;
    end
assign key_out=q1|q2|q3;
endmodule
```

采样消抖对数据进行连续多次采样，如果采样数据相同，则认为信号稳定有效。例3-22是利用采样消抖法去除双边沿抖动或毛刺的电路设计，它的主要原理是分别用两个计数器对输入信号的高电平和低电平持续时间（脉宽）进行采样计数。只有当高电平的采样计数大于一定取值时才判为遇到稳定的高电平，输出为1；同样只有当低电平的采样计数大于某一取值时才判为遇到稳定的低电平，输出为0。高、低电平采样计数同时独立进行，阈值设定可以不同。

【例3-22】 采样消抖法去除双边沿抖动电路。

```
module debounce1(clk,key_in,key_out);
    input clk,key_in;
    output key_out;
    reg key_out;
    reg [3:0] kh,kl;                    //定义高、低电平脉宽采样计数寄存器
always @(posedge clk)
    if(!key_in) kl<=kl+1;               //对输入的低电平脉宽采样计数
    else kl<=4'b0000;
always @(posedge clk)
    if(key_in) kh<=kh+1;                //同时对输入的高电平脉宽采样计数
    else kh<=4'b0000;
always @(posedge clk)
    //对高电平脉宽采样计数若大于12，则输出1
    if(kh>4'b1100) key_out<=1'b1;
    //对低电平脉宽采样计数若大于7，则输出0
    else   if(kl>4'b0111) key_out<=1'b0;
endmodule
```

例 3-22 的仿真结果如图 3-25 所示，由波形图可以看到输出脉宽不仅取决于系统时钟，还与高、低电平脉宽采样计数阈值有关。

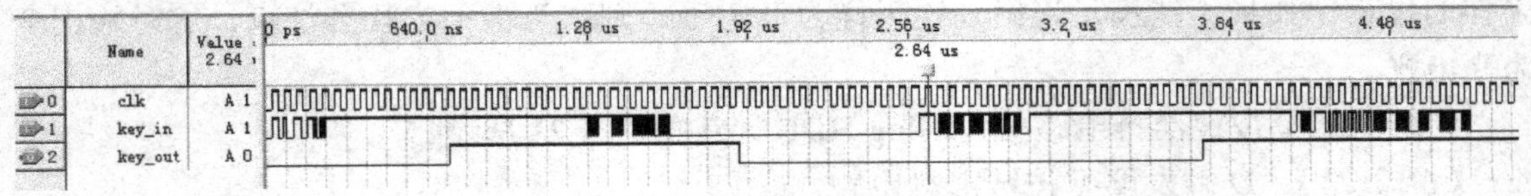

图 3-25　采样消抖电路的仿真结果

例 3-22 的设计可以消除不同情况下的干扰、毛刺和抖动，工作时钟 clk 频率的设置视干扰信号和正常信号的宽度而定。对按键抖动产生的干扰信号，频率可以低一点，数十 kHz 就行；对于较高速的时钟信号，可利用 FPGA 内的锁相环，使 clk 达到数十 MHz 甚至更高的数百 MHz。此外，kl 和 kh 的计数位宽和计数值可以根据具体情况调节。

3．实验内容

（1）根据实验原理分析例 3-20，仿真并详细说明程序中各语句结构的功能，最后进行硬件验证。注意：实验箱上键盘模块无上拉电阻，需要通过 EDA 工具进行设置，过程如下：选择 Assignment→Settings 命令，在弹出的对话框中选择 Category 项下的 Filter Settings，如图 3-26 所示。

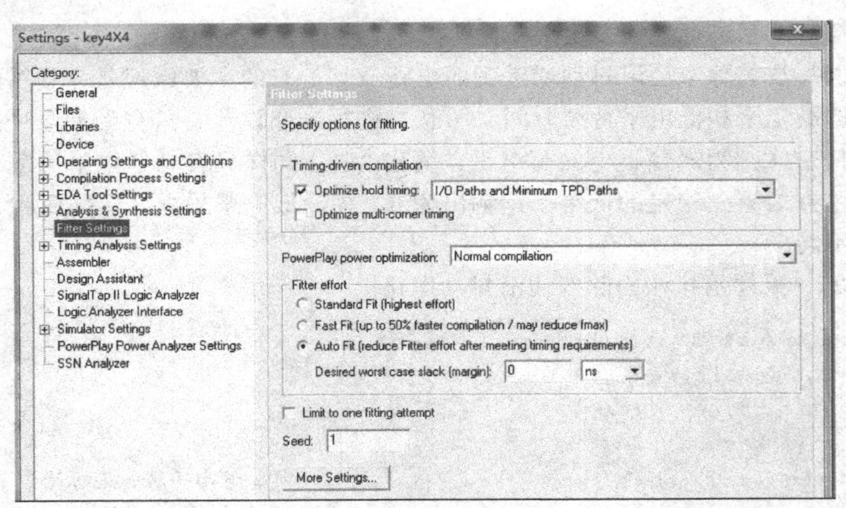

图 3-26　Filter Settings 选项

单击图 3-26 中的 More Settings 选项，在弹出的对话框 Option 中的 Name 和 Setting 两栏做图 3-27 所示的选项，设置端口上拉。

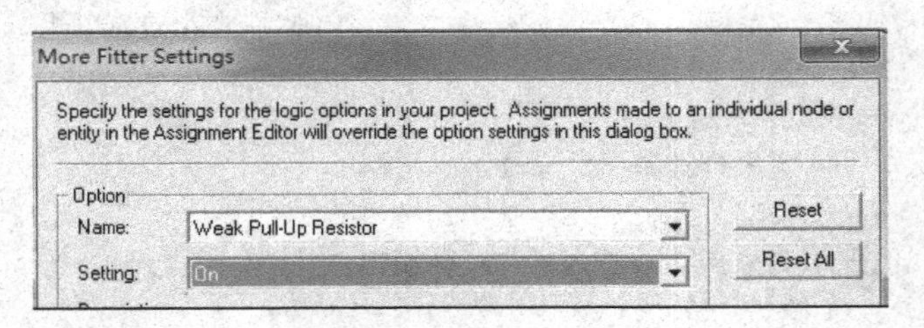

图 3-27　设置端口上拉

注意，做此设置后不能使用专用时钟引脚，在必须使用专用时钟引脚的情况下，如需引入锁相环模块，只能撤去此选项。而且如果设置端口上拉，那么同一对话框中的 Enable Bus-Hold Circuitry 项也必须选择关闭（off），否则两个选项会冲突。

（2）为了使设计更实用，为例 3-20 的矩阵键盘扫描电路加上键盘消抖模块。

（3）设计一个用 4 个独立按键分别控制 4 个 LED 的电路，键盘结构如图 3-21 所示，当 4 个独立按键的某一个被按下后，相应的 LED 被点亮；再次按下该按键，相应的 LED 熄灭，用按键控制 LED 亮灭。要求包括按键消抖电路。给出仿真结果和功能说明，然后进行硬件测试。

项目 6 数控分频器设计

1．实验目的

（1）掌握整数数控分频器的原理和设计方法。

（2）掌握占空比为 50%的整数数控分频器的设计方法。

（3）掌握占空比为 50%的任意奇数次分频电路的设计方法。

（4）掌握半整数数控分频器的设计方法。

2．实验原理

在电子系统设计中，经常需要对高频的时钟信号进行分频，以获得低频的信号，用做其他需要低频时钟的模块。为了实现对时钟分频，可以使用一个计数器来实现，这在例 3-1 中已介绍过。

数控分频器的功能是当在输入端输入不同的数据时，对输入的时钟信号应用不同的分频比，从而产生不同的频率值。整数数控分频器比较简单，可以由计数初值可并行预置的加法或减法计数器构成。在某些场合，时钟源与所需频率不成整数倍关系，此时就需要采用小数分频器进行分频。

例 3-23 是一个 8 位整数数控分频器实例，它的核心模块是 8 位同步加载模式计数器。将计数器溢出位与预置数加载输入信号相接，这样在计数器计满时加载预置数，随着预置数输入的不同，分频器的输出频率也不同。

【例 3-23】 8 位整数数控分频器的 Verilog HDL 描述。

```
module fdiv0(clk,pm,d,rstn);
    input clk,rstn;
    input [7:0] d;
    output pm;
    reg [7:0] q1;
    reg full;
    (*synthesis,keep*) wire ld;    //设定 ld 为仿真可测试属性
always @(posedge clk or negedge rstn)
    if(!rstn) begin q1<=0; full<=0; end
    else if(ld) begin q1<=d; full<=1; end
```

```
            else begin q1<=q1+1; full<=0; end
    assign ld=(q1==8'hff);
    assign pm=full;
    endmodule
```

例 3-23 的仿真结果如图 3-28 所示，可以看到在前面很长一段时间内分频器的输出 pm 都为零，这是因为仿真时计数器初始值一般为 0，经过 256 个时钟周期计数器才能计满（计至 0xFF），此时加载控制端有效并执行置数操作。接下来从预置数 d 一直计到 0xFF，再重新加载预置数，进行下一轮计数。仿真时要注意仿真时间的设置，本例仿真时长设为 20μs，时钟周期为 20ns。

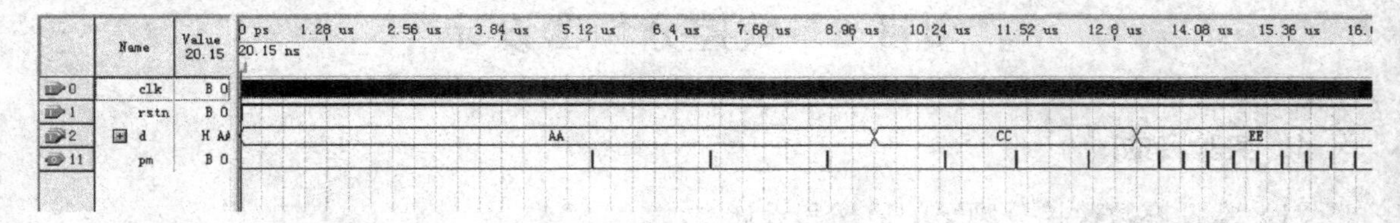

图 3-28 例 3-23 的仿真结果

由图 3-28 可以看到，分频器的输出信号 pm 的占空比太小，没有功率驱动能力，如驱动蜂鸣器等。我们对例 3-23 进行改进，加入一个二分频电路，使分频器输出信号的占空比为 50%。

【例 3-24】 占空比为 50%的数控分频器。

```
    module fdiv1(clk,rstn,d,pm);
        input clk,rstn;
        input [7:0] d;
        output pm;
        reg pm,full,cnt2;
        reg [7:0] q1;
    always @(posedge clk or negedge rstn)
        if(!rstn)
        begin q1<=0;full<=0;end
        else if(q1==8'hff)
            begin q1<=d;full<=1'b1;end
            else begin q1<=q1+1;full<=1'b0;end
    always @(posedge full)
        begin
            cnt2=~cnt2;          //二分频
            if(cnt2==1'b1)
                pm=1'b1;
            else pm=1'b0;
        end
    endmodule
```

例 3-24 的仿真结果如图 3-29 所示，输出信号 pm 的占空比为 50%，pm 的频率是 full 频率的二分之一。

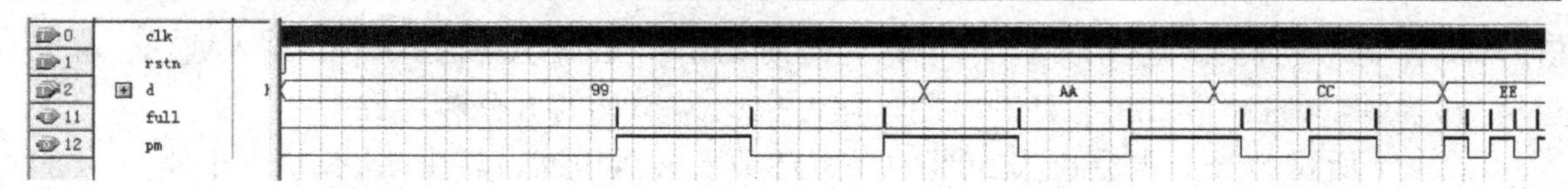

图 3-29　例 3-24 的仿真结果

由例 3-24 可知，偶数次分频并要求以 50%占空比输出的电路是比较容易实现的，但却无法用相同的设计方案直接获得奇数次分频且占空比也是 50%的电路。例 3-25 是一个输出占空比为 50%的五分频电路，仿真结果如图 3-30 所示。

【例 3-25】 占空比为 50%的五分频电路的 Verilog HDL 描述。

```
module fdiv2(clk,k_or,k1,k2);
    input clk;
    output k_or,k1,k2;
    reg [2:0] c1,c2;
    reg m1,m2;
always @(posedge clk)
    begin
        if(c1==4) c1<=0;
        else c1<=c1+1;
            if(c1==1) m1<=~m1;
            else if(c1==3) m1<=~m1;
    end
always @(negedge clk)
    begin
        if(c2==4) c2<=0;
        else c2<=c2+1;
            if(c2==1) m2<=~m2;
            else if(c2==3) m2<=~m2;
    end
assign k1=m1;
assign k2=m2;
assign k_or=m1|m2;
endmodule
```

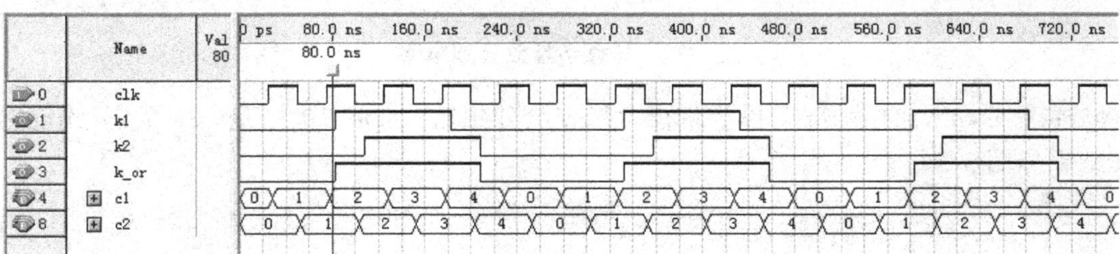

图 3-30　例 3-25 的仿真结果

这里设计了两个相同的模五计数器 c1 和 c2，其中 c2 滞后 c1 半个时钟周期，c1 在时钟上升沿计数，c2 在时钟下降沿计数。两个计数器各输出高电平占两个时钟周期的五分频信号 k1 和 k2，同样 k2 也滞后 k1 半个时钟周期。k1 和 k2 后面加上一个二输入或门，可以实现高、低电平各持续 2.5 个时钟周期，即占空比为 50%的五分频电路。

图 3-31 所示为一个占空比为 50%的任意奇数次分频电路，其中 cntm 是一个模为 *m* 的任意进制计数器，输出信号 c1 是占空比为 50%的（2×*m*–1）次分频输出，从而实现整个电路的任意次奇数分频功能。

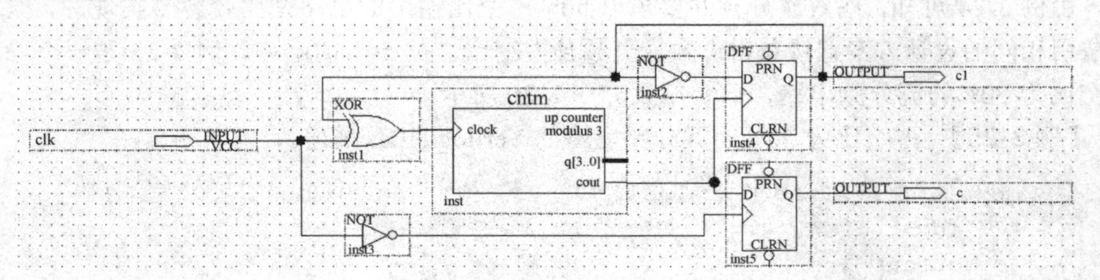

图 3-31　占空比为 50%的任意奇数次分频电路

当 *m*=3 时，它是一个占空比为 50%的五分频电路，仿真结果如图 3-32 所示。

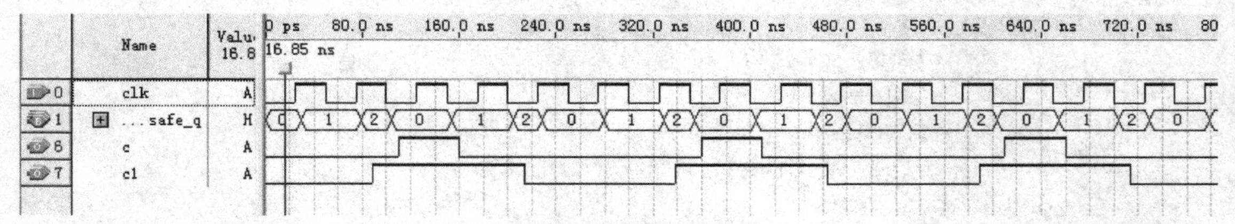

图 3-32　图 3-31 的仿真结果（*m*=3）

在实用数字系统设计中还常需要另一种分频电路，即半整数分频，如 3.5、4.5、5.5 次分频等。只需对图 3-31 所示的电路稍加改变即可得到任意半整数分频电路。图 3-33 所示为任意半整数分频电路图，同样 cntm 是一个模为 *m* 的任意进制计数器，输出信号 c 是（*m*–0.5）次分频。

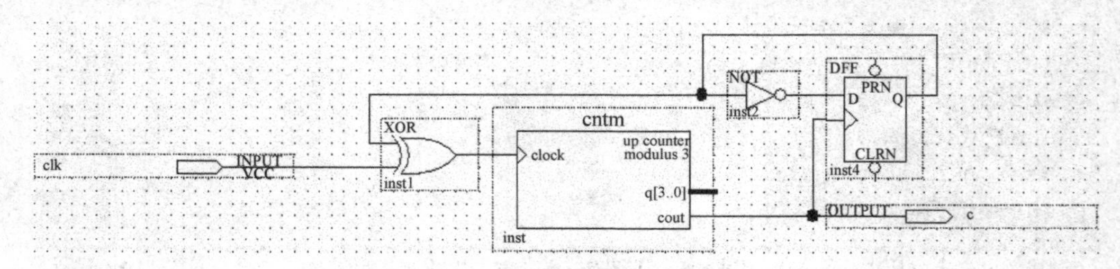

图 3-33　任意半整数分频电路

同样改变 cntm 的模值，可以实现任意半整数分频器。当 *m*=3 时，是一个 2.5 次分频器，仿真结果如图 3-34 所示。

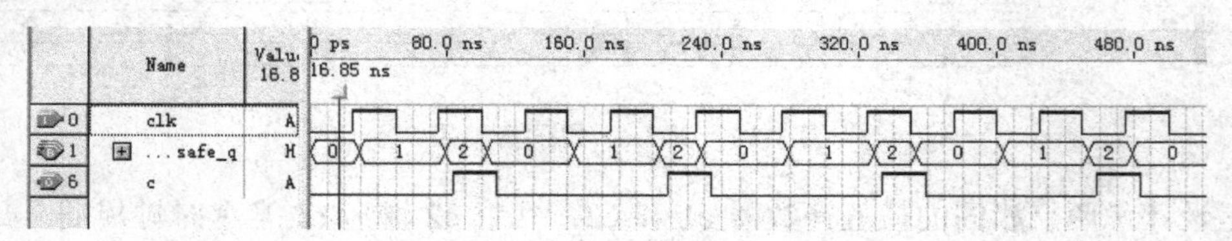

图 3-34　图 3-33 的仿真结果（*m*=3）

3. 实验内容

（1）分析例 3-23 描述的分频器，给出它的输入、输出分频比公式、预置数与输出信号占空比之间的关系式，并完成设计输入、编译、综合、适配和仿真。

（2）分析例 3-24 描述的分频器，给出它的输入、输出分频比公式，完成设计输入、编译、综合、适配和仿真。然后在实验箱上进行硬件验证，分配引脚，系统时钟设置为 20MHz，分频输出接蜂鸣器，预置数接拨码开关，随着预置数的不同，蜂鸣器会输出不同的音调。这个电路在后面的乐曲演奏电路设计实验中将会用到。

（3）比较例 3-25、图 3-31 的电路，说明它们工作原理上的异同点。完成占空比为 50%的 3、5、7、9 计数分频电路，分别进行编译和仿真。

（4）分析图 3-33 所示的电路，设计 3.5、4.5 半整数分频器，分别进行编译和仿真。

项目 7　正弦波信号发生器设计

1. 实验目的

（1）掌握 LPM 模块的定制和使用方法。

（2）利用 LPM_ROM 设计一个正弦波信号发生器。

（3）掌握嵌入式逻辑分析仪和在系统存储数据读写编辑器的使用方法。

2. 实验原理

LPM 是 Library of Parameterized Modules（参数可设置模块库）的缩写，Altera 公司提供的可参数化宏功能模块和 LPM 函数均基于 Altera 器件的结构做了优化设计。宏功能模块可以以图形或 HDL 形式方便地被调用，这使基于 EDA 技术的电子设计的效率和可靠性得到了很大的提高。LPM 库中模块内容丰富，每一模块的功能、参数含义、使用方法、HDL 模块参数设置及调用方法都可以在 Quartus II 的 Help 中查阅到，方法是选择 Help→Megafunction/LPM 命令。

（1）正弦波信号发生器原理框图

正弦波信号发生器的结构框图如图 3-35 所示，它由地址信号发生器、正弦波数据存储 ROM 和 D/A 转换器构成，其中前两个模块在 FPGA 上完成，用 Verilog HDL 顶层设计实现，D/A 转换器采用实验箱上的数模/模数模块。

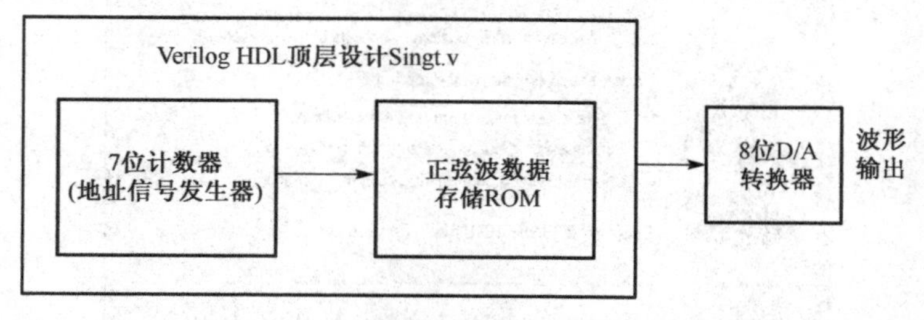

图 3-35　正弦波信号发生器的结构框图

对一个周期的正弦波信号进行 128 点采样，对采样点幅度量化后进行 8 位编码，将这

128×8 位数据存入一个定制的 LPM_ROM 中。地址信号发生器由计数器构成，根据正弦波数据存储 ROM 的参数，选择 7 位计数器。Verilog HDL 顶层设计利用例化语句调用地址信号发生器和正弦波数据存储 ROM。

（2）LPM_ROM 模块的定制

下面介绍 LPM_ROM 的定制和使用方法。ROM 是只读存储器，首先要配置初始化文件。存储器的初始化文件有 mif 和 hex 两种，编辑的方法有很多，主要有直接编辑法、文件编辑法和专用 mif 文件生成器等。这里采用直接编辑法生成 mif 文件，选择 File→New 命令，在 New 窗口（如图 1-6 所示）中选择 Memory Files 一栏下的 Memory Initialization File 项，单击 OK 按钮后产生 mif 数据文件大小选择窗口。在此根据存储器的地址和数据宽度选择参数，如本设计中地址线为 7 位，选 Number 为 128；对应数据位宽为 8 位，选择 Word size 为 8 位。单击 OK 按钮，将出现图 3-36 所示的.mif 数据表格，表格中的数据格式可通过右击窗口边缘的地址数据所弹出的窗口中选择。此表中任意数据对应的地址为左列与顶行数之和，对每一地址内的数据进行编辑，选择 File→Save As 命令，保存此数据文件，这里取名为 romdata.mif。其他 mif 文件的生成方法请参考相关资料。

romdata/romdata.mif

Addr	+0	+1	+2	+3	+4	+5	+6	+7
00	80	86	8C	92	98	9E	A5	AA
08	B0	B6	BC	C1	C6	CB	D0	D5
10	DA	DE	E2	E6	EA	ED	F0	F3
18	F5	F8	FA	FB	FD	FE	FE	FF
20	FF	FF	FE	FE	FD	FB	FA	F8
28	F5	F3	F0	ED	EA	E6	E2	DE
30	DA	D5	D0	CB	C6	C1	BC	B6
38	B0	AA	A5	9E	98	92	8C	86
40	7F	79	73	6D	67	61	5A	55
48	4F	49	43	3E	39	34	2F	2A
50	25	21	1D	19	15	12	0F	0C
58	0A	07	05	04	02	01	01	00
60	00	00	01	01	02	04	05	07
68	0A	0C	0F	12	15	19	1D	21
70	25	2A	2F	34	39	3E	43	49
78	4F	55	5A	61	67	6D	73	79

图 3-36 mif 文件编辑窗

接下来定制一个 LPM_ROM。打开宏功能模块调用管理器，选择 Tools→MegaWizard Plug-In Manager 命令，打开图 3-37 所示的对话框，选中第一项，定制新的宏功能模块。

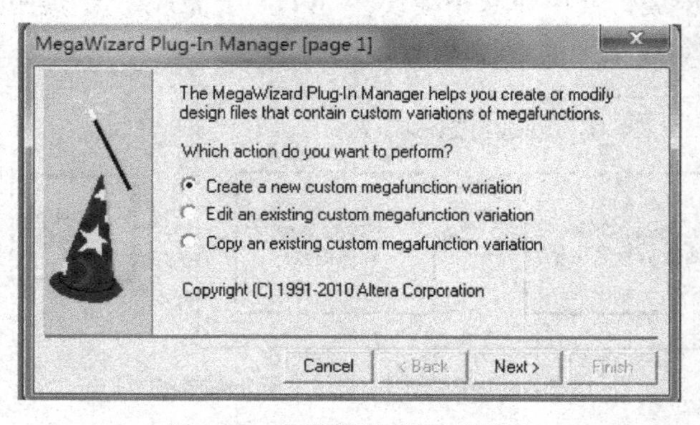

图 3-37 定制新的宏功能模块

单击 Next 按钮，打开图 3-38 所示的对话框。

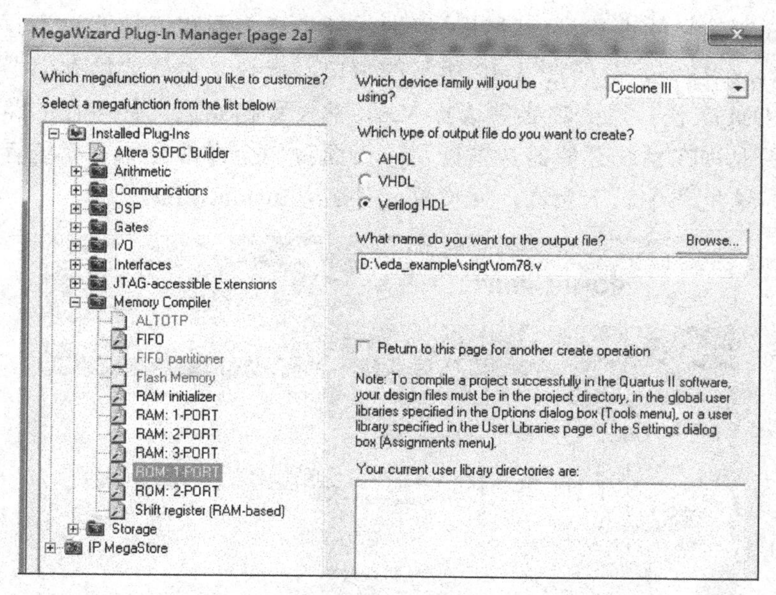

图 3-38　LPM 宏功能模块设定

在左边选中 LPM 模块类型，Memory Complier 子目录下的 ROM：1-PORT。右边选择 FPGA 芯片器件族：Cyclone III，HDL 语言类型：Verilog HDL，以及此模块文件存放的路径和文件名。

单击 Next 按钮，打开图 3-39 所示的对话框，进行 LPM_ROM 的参数设置。选择 ROM 的位宽：8 位，数据深度：128 字，存储器构建方式：自动或 M9K，时钟方式：单时钟还是双时钟。

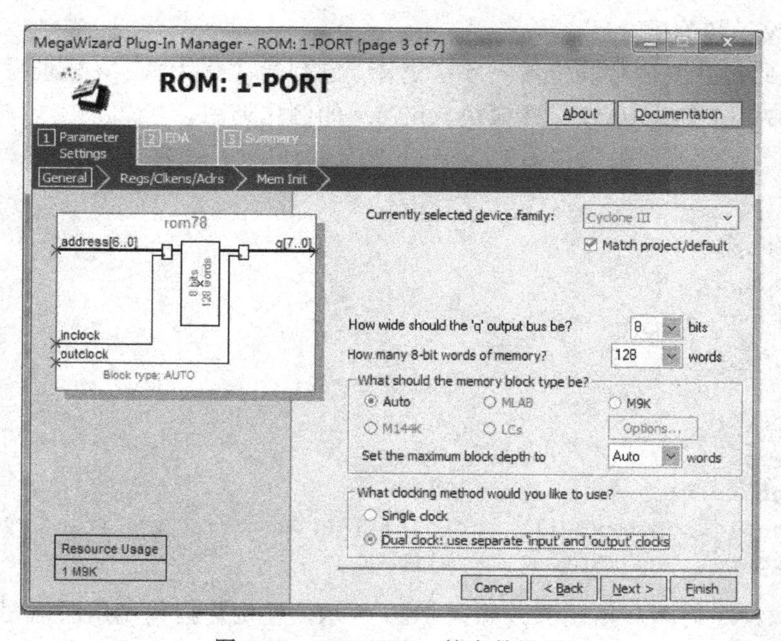

图 3-39　LPM_ROM 的参数设置

单击 Next 按钮，继续 LPM_ROM 参数设置，包括输入、输出是否需要加入一级寄存器，以及一些控制信号的选择，如时钟使能端、异步清零端和读使能端等。

继续单击 Next 按钮，打开图 3-40 所示的窗口，选择是否需要给存储器设置初始化文件。对 LPM_ROM 来说，这一项必须选择 Yes，并设置初始化文件所在的路径。下面复选框的选项：是否允许在系统存储器数据读写，后面我们会详细介绍在系统存储器数据读写编辑器的使用。这里选中表示允许，并设置元件名（Instance ID）。

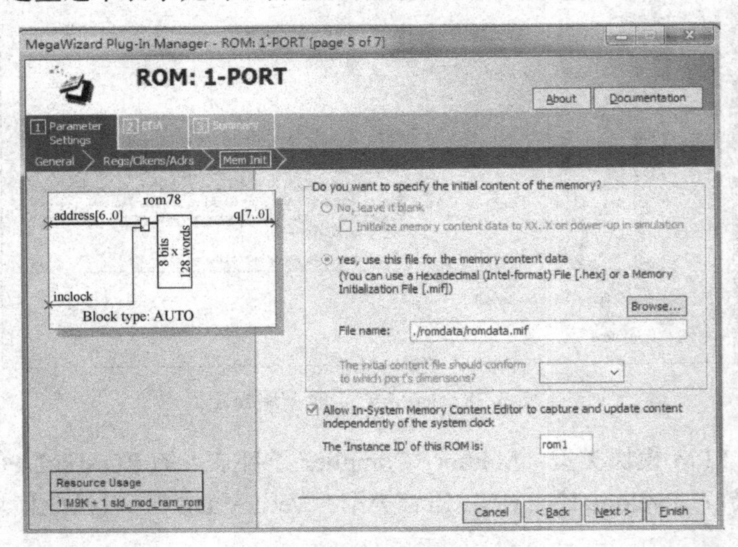

图 3-40 设置初始化文件

单击 Next 按钮选择输出文件的类型，再单击 Finish 按钮完成 ROM 的定制。这样，我们完成了一个 128×8 的 LPM_ROM 模块定制，模块名为 rom78。

（3）顶层设计和测试

例 3-26 是此正弦波信号发生器的顶层设计，它包含了作为 ROM 地址发生器的 7 位计数器设计和定制的 LPM_ROM 文件模块 rom78.v 的例化调用。

【例 3-26】 正弦波信号发生器的 Verilog HDL 顶层设计文件。

```
module singt(rst,clk,en,q,ar);
    output [7:0] q;
    output [6:0] ar;
    input en,clk,rst;
    reg [6:0] q1;
always @(posedge clk or negedge rst)
    if(!rst)        q1<=7'B0000000;
    else if(en) q1<=q1+1;
assign ar=q1;
rom78 u1(.address(q1),.inclock(clk),.q(q));
endmodule
```

rom78.v 源程序的端口描述部分如例 3-27 所示，在例化语句调用时需要注意端口的映射关系。

【例 3-27】 rom78.v 源程序的端口描述部分。

```
module rom78(address, inclock, q);
    input   [6:0]  address;
    input   inclock;
    output  [7:0]  q;
```

此后的设计流程包括顶层设计文件编辑、创建工程、全程编译、仿真、引脚锁定、再次编译下载和硬件测试等。

图 3-41 所示为仿真结果，ar 是地址输出、q 是数据输出，可以看到在每一个时钟的上升沿，输出端口 q 将正弦波数据依次输出。

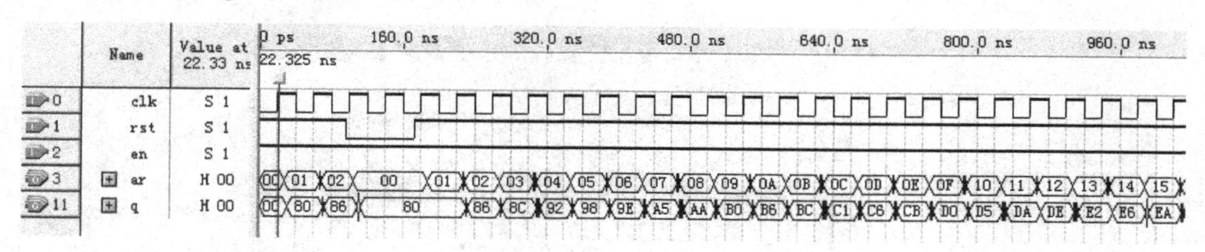

图 3-41　正弦波信号发生器仿真结果

硬件验证时，将输出端 q 与实验箱 D/A 数据输入端连接。这样，在 D/A 模块输出端口用示波器可以观察连续的正弦波信号。

（4）嵌入式逻辑分析仪 SignalTap II 的使用方法

如果不准备通过 D/A 来观察波形，可以利用嵌入式逻辑分析仪来测试和观察输出波形。Quartus II 中的嵌入式逻辑分析仪 SignalTap II 是一种高效的硬件测试工具，它的采样点可以随设计文件一并下载到目标芯片中，用以捕捉目标芯片内部系统信号节点或总线上的数据，但又不影响硬件系统的正常工作。SignalTap II 将测得的采样点信号暂存于目标器件中的嵌入式 RAM 中，然后通过器件的 JTAG 端口将采样的数据传出，送入计算机进行显示和分析。下面介绍 SignalTap II 的基本使用方法。

打开 SignalTap II 编辑窗口，选择 File→New 命令，选择文件类型 SignalTap II Logic Analyzer File，打开图 3-42 所示的 SignalTap II 编辑窗口。单击上排 Instance 栏内的 auto_signaltap_0，更改名字为 rom1，注意要与图 3-40 的元件名一致。

接下来调入待测信号，在下栏（rom1 栏）的空白处双击，弹出 Node Finder 窗口，调入需要观察的信号，如图 3-43 所示。注意不要将工程的系统时钟 clk 调入待观察窗口，因为我们打算用它兼作嵌入式逻辑分析仪的采样时钟。

此外，如果有总线信号，只需调入总线信号名；根据实际需要来调入信号，不可随意调入过多，因为这会导致 SignalTap II 占用芯片内过量的存储资源。

单击窗口左下角的 Setup 选项卡，进行 SignalTap II 的参数设置，如图 3-44 所示，依次选择工作时钟、采样深度和触发条件。注意采样深度一旦确定，待测信号的每一位都获得同样的采样深度，会占用相当多的 FPGA 片内存储资源。必须根据待测信号的采样要求、总的信号数量，以及本工程可能占用片内存储资源的规模，综合确定采样深度，以免发生存储单元不够用的情况。

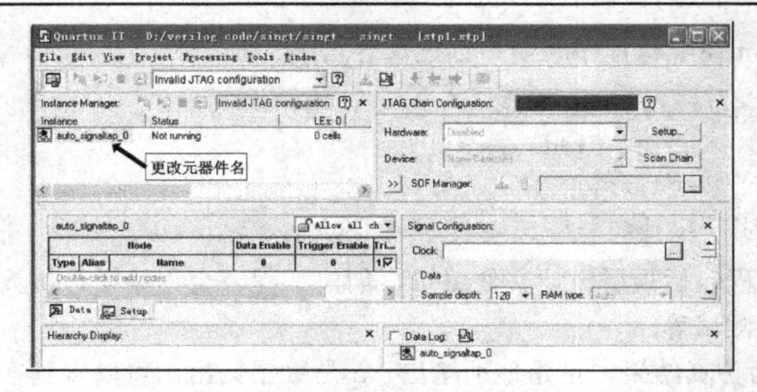

图 3-42　SignalTap II 编辑窗口

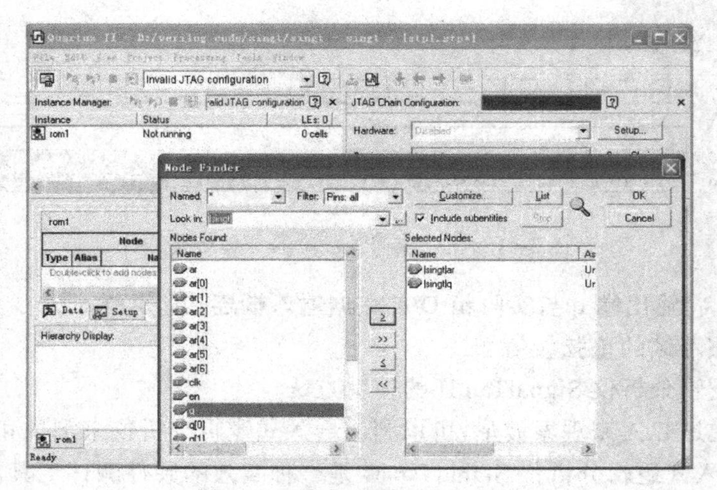

图 3-43　调入需要观察的信号

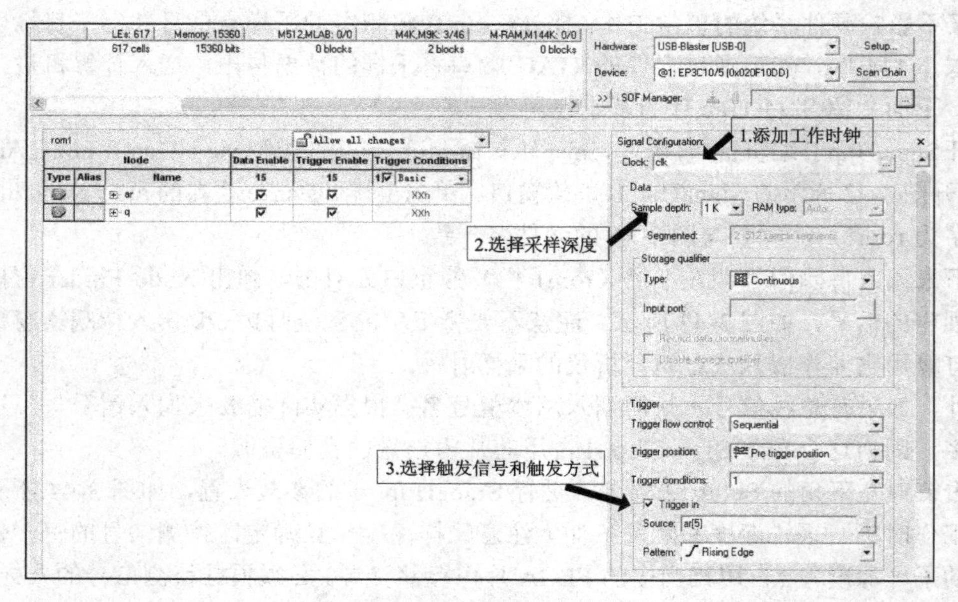

图 3-44　SignalTap II 参数设置

参数设置好之后，保存文件。选择 File→Save As 命令，输入 SignalTap II 文件名为 stp1.stp（默认的文件名和后缀），单击保存按钮后会出现一个提示，是否将此 SignalTap II 文件添加到当前工程。如果选择“是”，表示同意再次编译时将此 SignalTap II 文件与当前工程捆绑在一起综合、适配，以便一同被下载进 FPGA 芯片中完成实施测试任务。如果选择“否”，则必须自己设置，方法是选择 Assignment→Settings 命令，在 Category 栏中选择 SignalTap II Logic Analyzer，即图 3-45 所示的窗口。在此窗口中 SignalTap II Filename 栏中选中已经存盘的 SignalTap II 文件名，如 stp1.stp，并选中 Enable SignalTap II Logic Analyzer 复选框，单击 OK 按钮即可。注意，在利用 SignalTap II 测试结束后，不要忘记将 SignalTap II 的部件从芯片中去除，方法是在图 3-45 所示的窗口中取消选中的 Enable SignalTap II Logic Analyzer 复选框，再编译、编程一次即可。

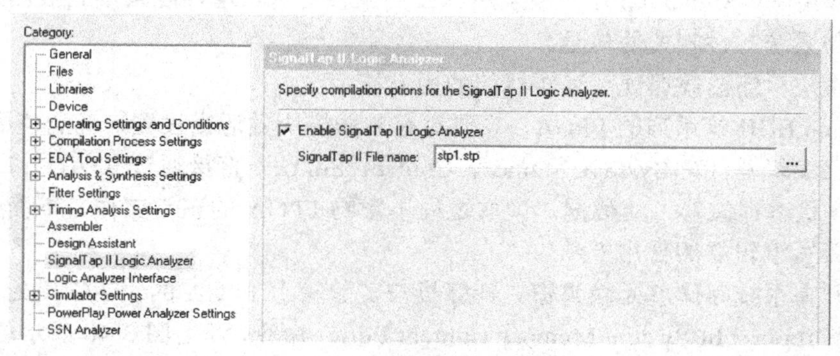

图 3-45　选择或删除 SignalTap II 文件加入综合编译

SignalTap II 文件设置好并添加到当前工程后，再次启动全程编译，然后将包含了 SignalTap II 文件的工程下载进 FPGA 芯片中。硬件设置 rst=1，ena=1，即不复位，地址发生器有效计数，选择 Processing→Autorun Analysis 选项，启动 SignalTap II 连续采样。单击左下角的 Data 选项卡，可以在 SignalTap II 数据窗口通过 JTAG 接口观察到来自实验箱上 FPGA 内部的实时信号，如图 3-46 所示。用鼠标的滚轮可以放大/缩小波形。鼠标右击左侧的信号名称一栏，在弹出的菜单中选择总线显示模式 Bus Display Format 为 Unsigned Line Chart，可以获得图 3-47 所示的图形化“模拟”信号波形。

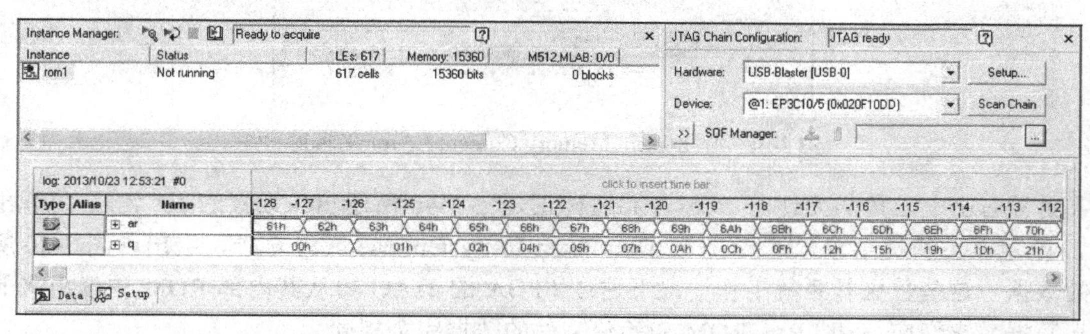

图 3-46　启动 SignalTap II 进行数据采样

图 3-47 中，ar 对应的数据是计数器输出的地址值，它是锯齿波；q 对应的数据是来自 LPM_ROM 中的正弦波数据。本设计中对一个周期的正弦波信号进行 128 点采样，SignalTap II

的采样深度设为 1K，即一次采样可以获得 1024/128=8 个周期的正弦波信号。采样点越多，则输出波形的失真度越小，但是采样点越多，存储正弦波表值所需要的空间就越大，因此需要综合考虑。

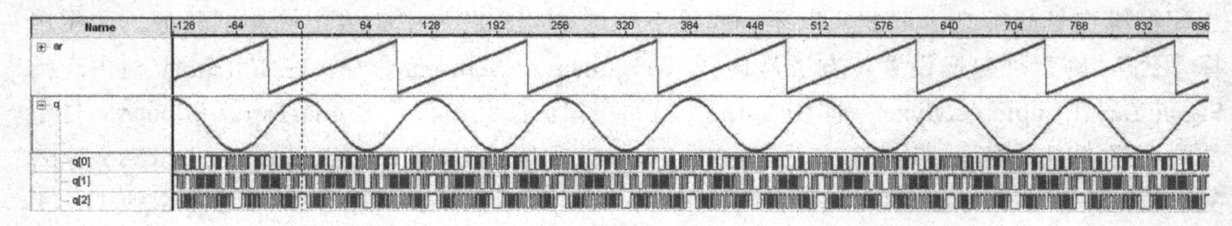

图 3-47　SignalTap II 采样到的波形显示图

在实际应用中，SignalTap II 一般采用独立的采样时钟，这样能采集到被测系统中的慢速信号，或与系统时钟相关的信号。

（5）在系统存储器数据读写编辑器的使用方法

对 Cyclone II/III 等系列的 FPGA，只要对存储器模块做适当设置，就能使用 Quartus II 的在系统读写编辑器（In-System Memory Content Editor）直接通过 JTAG 口读取或修改 FPGA 中工作状态存储器内的数据，读取过程不影响 FPGA 的正常工作。下面介绍在系统存储器数据读写编辑器的使用方法。

首先打开在系统存储单元编辑窗。计算机与实验箱上 FPGA 的 JTAG 口处于正常连接状态时，选择 Tools→In-System Memory Content Editor 命令，弹出图 3-48 所示的编辑窗口。单击右上角的 Setup 按钮，在 Hardware Setup 对话框中选择 USB-Blaster，注意此时实验箱应处于工作状态。

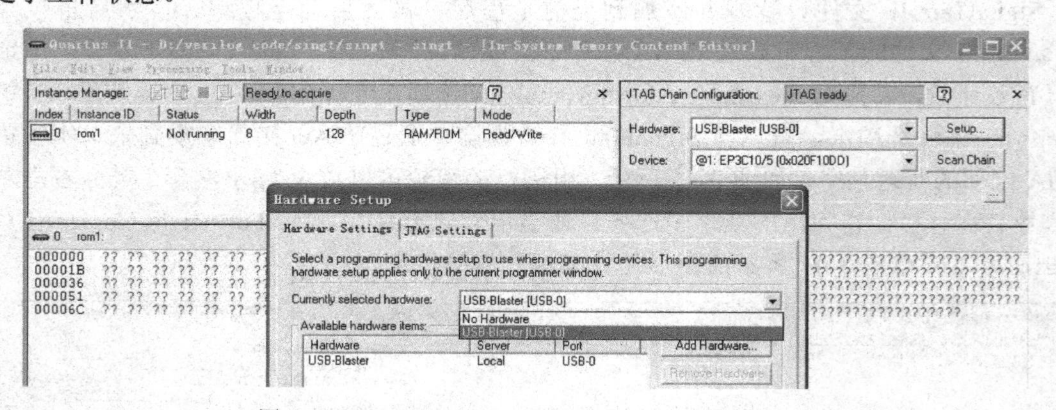

图 3-48　In-System Memory Content Editor 编辑窗

鼠标右击左上角的元件名 rom1（此名称正是图 3-40 所示窗口设置的 ID 名），将弹出图 3-49 所示的快捷菜单，选择 Read Data from In-System Memory 选项，会出现图 3-50 所示的数据，这些数据是系统工作情况下通过 FPGA 的 JTAG 口从其内部 ROM 中读出来的波形数据，它们应该和 LPM_ROM 初始化文件的数据完全相同。

写数据的方法和读数据类似，改写存储器数据后（这里将前面 7 个 8 位数据改写为 0x11），鼠标右击元件名，在弹出的菜单中选择 Write Data to In-System Memory 命令，如图 3-50 所示，即可把修改后的数据通过 JTAG 口下载到 FPGA 中的 ROM 里。

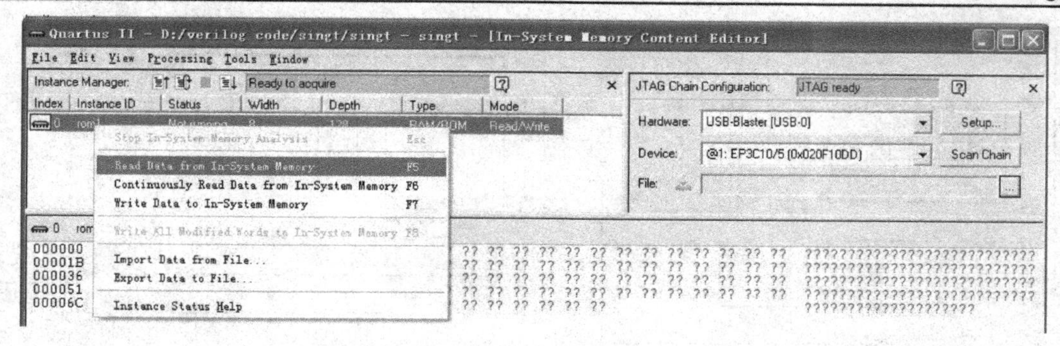

图 3-49　在系统读取存储器中的数据

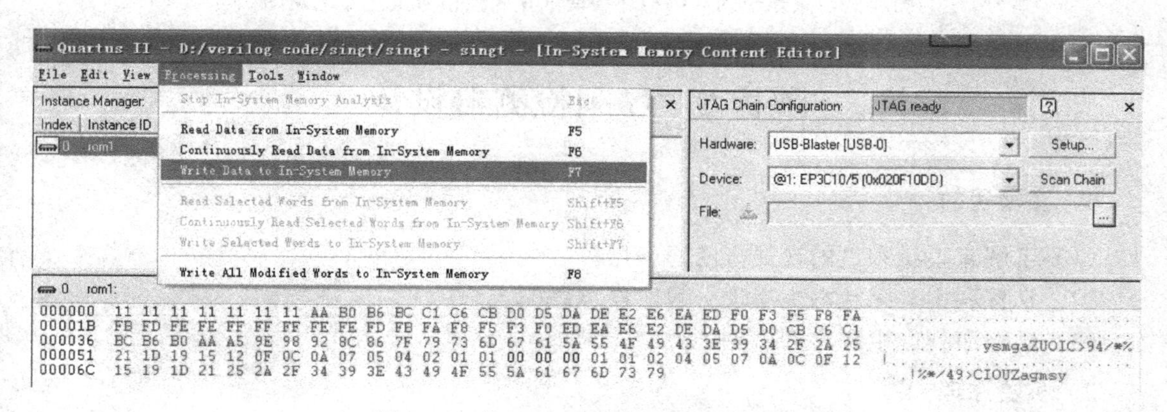

图 3-50　从 ROM 读取波形数据并编辑

对 ROM 的数据进行在系统编辑后，在示波器或嵌入式逻辑分析仪上可以观察到变化的波形。图 3-51 所示为 SignalTap II 此时的实时波形。

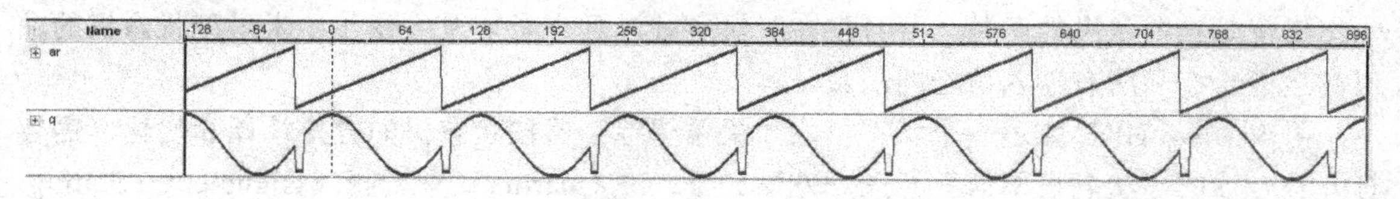

图 3-51　在系统修改 ROM 数据后的 SignalTap II 采样波形

3. 实验内容

（1）在 Quartus II 上完成图 3-35 所示的正弦波信号发生器设计，包括建立工程、生成正弦信号波形数据、仿真等。最后在实验箱上进行验证，包括 SignalTap II 测试、FPGA 中 ROM 的在系统数据读写测试和利用示波器测试。

（2）按照图 3-52 所示，用原理图方法设计正弦波信号发生器，硬件实现可以通过 SignalTap II 来观察波形。其中 pll20 是嵌入式锁相环模块（ALTPLL），cnt7b 是参数可设置计数器模块（LPM_COUNTER），它们的定制和使用方法参见 Quartus II 的 Help 菜单。

（3）设计一个任意波形信号发生器，如方波、三角波、正弦波等，设置波形选择按键进行波形选择。

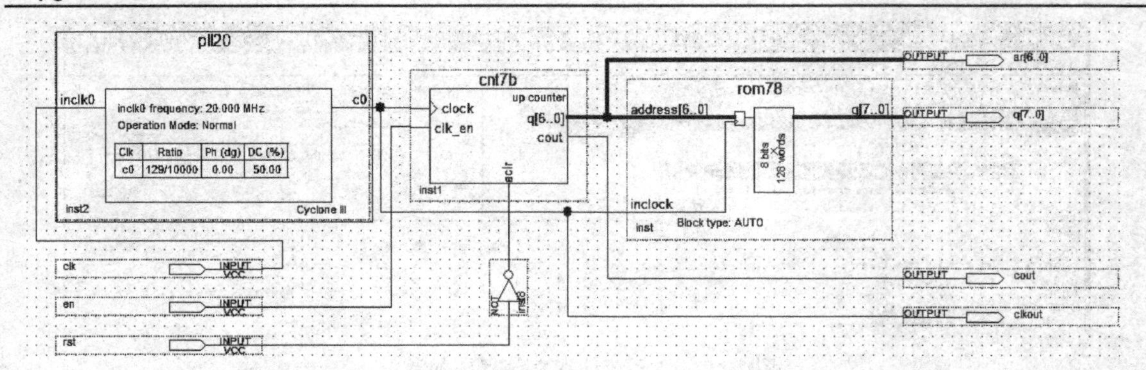

图 3-52　采用嵌入式锁相环模块的正弦波信号发生器电路图

项目 8　序列检测器设计

1. 实验目的

（1）了解有限状态机的设计方法与应用。

（2）掌握利用有限状态机实现一般时序电路的方法。

（3）掌握序列产生和序列检测的方法。

2. 实验原理

在状态连续变化的数字系统设计中，采用状态机的设计思想有利于提高设计效率，增加程序代码的可读性，减少错误的发生概率。同时，状态机的设计方法也是数字系统中最常用的设计方法。一般来说，标准状态机可以分为摩尔型和米里型两种：摩尔型状态机的输出仅仅是当前状态的函数，并且仅在时钟有效沿到来时才发生变化；米里型状态机的输出是当前状态和所有输入信号的函数。

用 Verilog HDL 描述一个状态机，如果希望综合器按状态机的方式编译和优化，需要打开综合器的“状态机萃取”开关。方法如下：在 Quartus II 中选择 Assignment→Settings 命令，打开的窗口如图 1-19 所示。在 Category 一栏选择 Analysis& Synthesis Settings，然后单击旁边的 More Settings 按钮，在弹出的对话框下方的 Existing option settings 栏，单击选中状态机萃取项：Extract Verilog State Machines，如图 3-53 所示，在下方的 Option 的 Setting 栏选择 On。

序列检测器可用于检测一组或多组由二进制码组成的脉冲序列信号，在数字通信中有广泛的应用。在序列检测器连续接收到一组串行二进制码后，如果这组序列码与检测器中预先设置的序列码相同，则输出 1，否则输出 0。由于这种检测的关键在于正确码的接收必须是连续的，这就要求检测器必须记住前一次的正确码以及正确序列，直到在连续的检测中所收到的每一位码都与预置数的对应码相同。在检测过程中，任何一位不相等都将回到初始状态重新开始检测。

将状态机用于序列检测器的设计比用其他方法更能显示其优越性。例 3-28 是用摩尔型状态机描述一个 8 位序列数“11010011”检测的电路，当一串序列数高位在前（左移）串行输入序列检测器后，若次数与预置的“密码”序列相同，则输出 1，否则输出 0。这里不考虑序列重叠的问题。

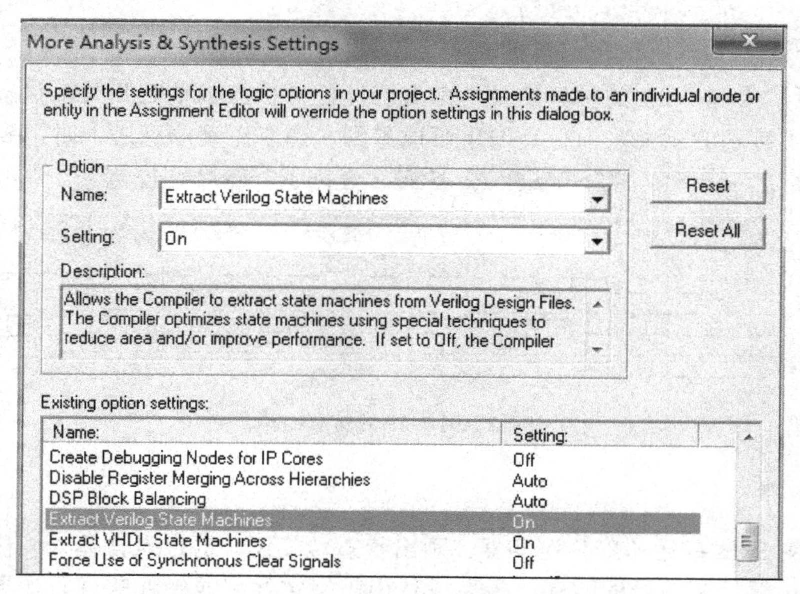

图 3-53　Verilog HDL 状态机萃取开关选择

【例 3-28】 序列检测器。

```
module schk(clk,din,rst,sout);             //11010011 高位在前
    input clk,din,rst;
    output sout;                           //检测结果输出
    parameter s0=40,s1=41,s2=42,s3=43,s4=44,s5=45,s6=46,s7=47,s8=48;
                                           //设定 9 个状态参数
    reg[8:0] st,nst;                       //设定现态和次态变量
always @(posedge clk or posedge rst)       //时序过程
    if(rst)
        st<=s0;
    else st<=nst;
always @(st or din)                        //组合过程
    begin
        case(st)
            s0: if (din==1'b1) nst<=s1;else nst<=s0;
            s1: if (din==1'b1) nst<=s2;else nst<=s0;
            s2: if (din==1'b0) nst<=s3;else nst<=s0;
            s3: if (din==1'b1) nst<=s4;else nst<=s0;
            s4: if (din==1'b0) nst<=s5;else nst<=s0;
            s5: if (din==1'b0) nst<=s6;else nst<=s0;
            s6: if (din==1'b1) nst<=s7;else nst<=s0;
            s7: if (din==1'b1) nst<=s8;else nst<=s0;
            s8: nst<=s0;
            default: nst<=s0;
```

```
            endcase
        end
        assign sout=(st==s8);
    endmodule
```

图 3-54 所示为例 3-28 的仿真结果，由于已经打开状态机萃取开关，状态参数所设定的数据便没有了特别的意义。由仿真结果可以看到，当有正确序列进入时，到了状态 s8，输出序列正确标志 sout=1。接下来进入状态 s0，等待下一轮序列检测。

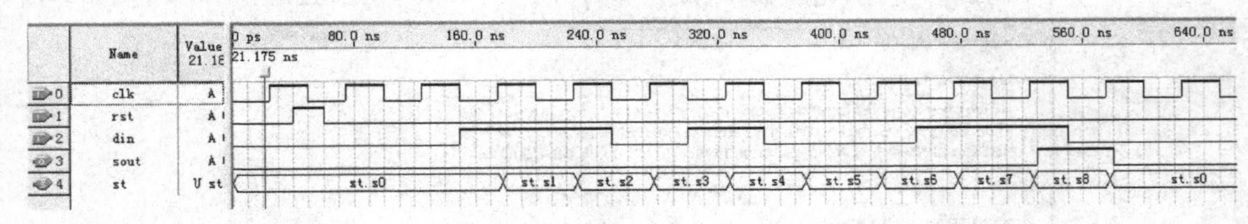

图 3-54　例 3-28 的仿真结果

3. 实验内容

（1）分析例 3-28 描述的序列检测器，画出状态转换图，进行设计输入、仿真测试并给出仿真波形，了解控制信号的时序，最后进行引脚锁定并完成硬件测试。如果选择实验箱上的 8 个按键并行输入，即预置一个 8 位二进制数作为待检测码，必须先设计一个并串转换器或左移移位寄存器，随着时钟逐位输入序列检测器，8 个时钟周期后输出检测结果。

（2）如果考虑序列重叠的可能，例 3-28 应做怎样改动？完成设计输入和仿真测试。

（3）如果待检测预置数必须以右移方式进入序列检测器，写出它的 Verilog HDL 代码，并提出硬件测试方案。

（4）设计一个 5 位二进制序列“10010”的检测器，并考虑序列重叠的可能。

项目 9　伪随机序列发生器设计

1. 实验目的

（1）学习线性反馈移位寄存器的原理和设计方法。

（2）掌握伪随机序列（m 序列）的原理和生成方法。

2. 实验原理

随着通信技术的发展，在某些情况下，为了实现最有效的通信，应采用具有白噪声统计特性的信号；另外，为了实现高可靠的保密通信，也希望能够利用随机噪声。然而，利用随机噪声的最大困难是它难以重复产生和处理，伪随机序列的出现为人们解决了这一难题。伪随机序列具有一些类似于随机噪声的统计特性，同时又便于重复产生和处理，有预先的可确定性和可重复性。由于它具有这些优点，在通信、雷达、导航以及密码学等重要的技术领域中，伪随机序列获得了广泛的应用。

伪随机序列通常由反馈移位寄存器产生，又可分为线性反馈移位寄存器和非线性反馈移位寄存器两类。由线性反馈移位寄存器产生的周期最长的二进制数字序列称为最大长度线性反馈移位寄存器，即通常说的 m 序列，因其理论成熟，实现简单，故应用较为广泛。

线性反馈移位寄存器（LFSR，Liner Feedback Shift Register）是带反馈回路的时序逻辑，它的一般结构如图 3-55 所示。

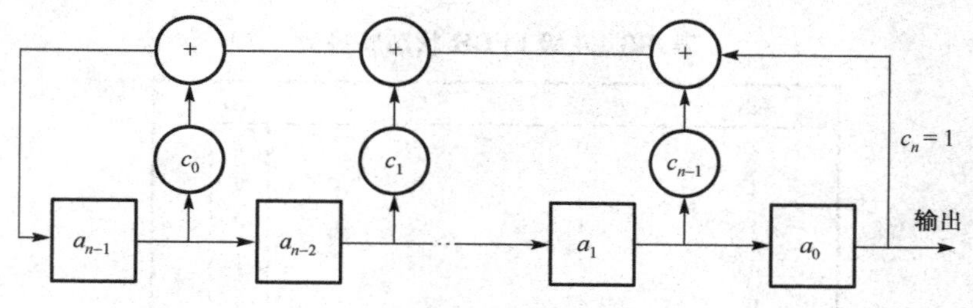

图 3-55　线性反馈移位寄存器

其中一级移位寄存器的状态用 a_i 表示，$a_i=0$或1，i 为整数；反馈线的连接状态用 c_i 表示，1 表示接通（参加反馈），0 表示断开。

移位寄存器左端得到的输入 a_n 可以写为：

$$a_n=c_1a_{n-1}\oplus c_2a_{n-2}\oplus\cdots\oplus c_{n-1}a_1\oplus c_na_0=\sum_{i=1}^{n}c_ia_{n-i}\qquad（模 2）$$

式中的求和按模 2 运算（异或运算），它是一个递推方程，给出了移位输入 a_k 与移位前各级状态的关系。c_i 的取值决定了移位寄存器的反馈连接和序列结构，是一个很重要的参数。现在将它用下列方程表示：

$$f(x)=c_0+c_1x+c_2x^2+\cdots+c_nx^n=\sum_{i=0}^{n}c_ix^i$$

这一方程称为特征方程或特征多项式，式中，x^i 仅指明其系数 c_i 所代表的值，本身取值并无实际意义。例如，特征方程为：

$$f(x)=1+x+x^4$$

此式表示仅有 x^0 、x^1 和 x^4 的系数 $c_0=c_1=c_4=1$，其余的 c_i 为 0，它对应的线性反馈移位寄存器电路如图 3-56 所示。

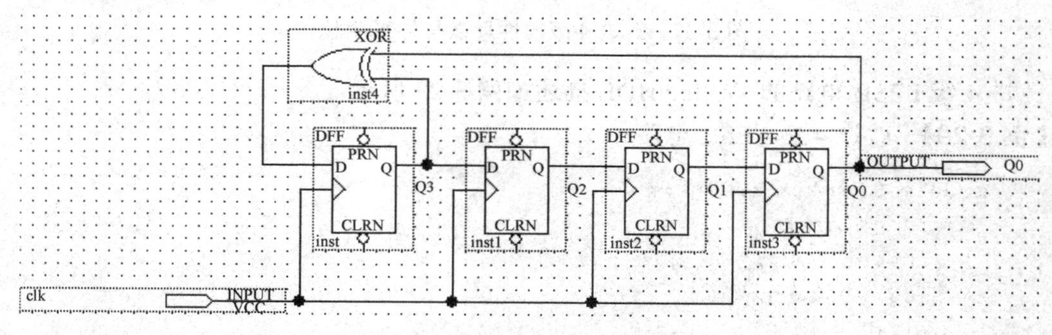

图 3-56　4 级线性反馈移位寄存器电路

该电路由移位寄存器和异或门构成，若其初始状态 Q3Q2Q1Q0=1000，它的状态转换表如表 3-6 所示，Q0 为输出，见表中虚线框。不难看出，如果输出状态 Q3Q2Q1Q0=0000，移位寄存器的状态将不会改变，陷入孤立状态，因此要避免出现全 0 状态，图 3-57 是图 3-56 所示 4 级 LFSR 的改进电路，它具有自启动能力。

表 3-6 4 级 LFSR 状态转换表

Q3	Q2	Q1	Q0
1	0	0	0
1	1	0	0
1	1	1	0
1	1	1	1
0	1	1	1
1	0	1	1
0	1	0	1
1	0	1	0
1	1	0	1
0	1	1	0
0	0	1	1
1	0	0	1
0	1	0	0
0	0	1	0
0	0	0	1
1	0	0	0

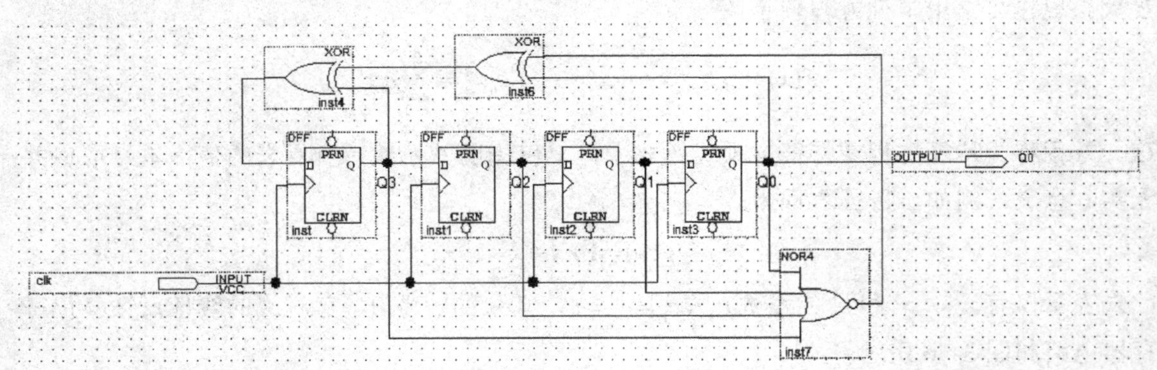

图 3-57 改进 4 级线性反馈移位寄存器

改进 4 级 LFSR 电路的 Verilog HDL 描述如例 3-29 所示。

【例 3-29】 改进 4 级 LFSR 电路。

```
module lfsr4(clk,dout);
    input clk;
    output dout;
    reg [3:0] q;
assign dout=q[0];
always @(posedge clk)
```

```
begin
    q[3]<=q[3]^q[0]^!(|q[3:0]);
    q[2:0]<=q[3:1];
end
endmodule
```

用线性反馈移位寄存器很容易实现 m 序列，例 3-29 产生的 m 序列（Q0 输出）如表 3-6 所示，周期为 $2^4-1=15$。

不同周期的 m 序列所适用的环境不同，ITU-T（国际电信联盟）对此提出了一系列标准。如 ITU-T 建议用于数据传输设备测量误码的周期是 511，其特征多项式建议采用 $1+x^5+x^9$；建议用于数字传输系统（1544/2048 和 6312/8448kbps）测量的 m 序列周期是 $2^{15}-1=32767$，其特征多项式建议采用 $1+x^{14}+x^{15}$。在具体应用时，可参考 ITU-T 的标准进行选择。

3．实验内容

（1）分析例 3-29 描述的电路，进行设计输入、仿真测试并给出仿真结果，在实验箱上对其产生的码序列进行观察。

（2）另有一种 LFSR 结构如图 3-58 所示，它的特征多项式为 $1+x^2+x^3$，完成该设计，试分析它与图 3-56 中 LFSR 电路的异同点。

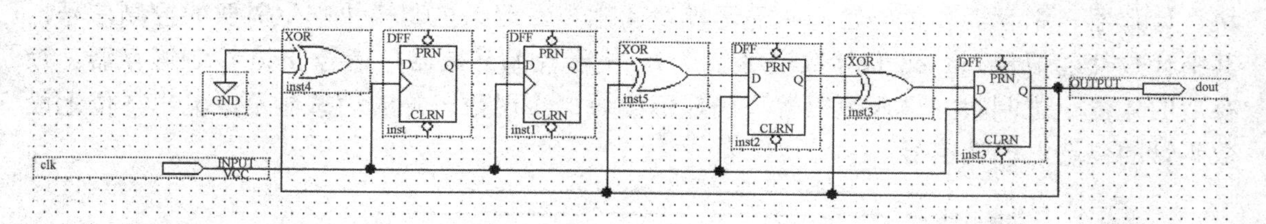

图 3-58 另一种 LFSR 结构

（3）设计特征多项式为 $1+x^5+x^9$ 的 m 序列发生器，仿真并进行硬件验证。

项目 10 数字频率计设计

1．实验目的

（1）学习频率测量的基本原理和方法。

（2）学习较复杂数字系统的设计方法，综合应用计数器、分频器、数码管译码及动态扫描等知识。

（3）掌握 Verilog HDL 和原理图混合设计。

2．实验原理

频率是指周期信号在单位时间（1s）内变化的次数。常用的直接频率测量方法主要有测频法和测周法两种。测频法是在确定的闸门时间 T_w 内，记录被测信号的变化周期数（或脉冲个数）N_x，则被测信号的频率为 $f_x=N_x/T_w$。测周法需要有标准信号的频率 f_s，在待

测信号的一个周期 T_x 内记录标准频率的周期数 N_s，则被测信号的频率为：$f_x = f_s / N_s$。这两种方法的计数值都会产生±1 个字误差，并且测试精度与计数器中记录的数值 N_x 或 N_s 有关。为了保证测试精度，一般对于低频信号采用测周法，对于高频信号采用测频法。

下面以测频法为例介绍一个 4 位十进制频率计的设计，测频控制部分时序原理如图 3-59 所示。fin 是待测信号，clk1s 是周期为 1s 的基准时钟。计数允许信号 cnt_en 是 clk1s 的二分频信号，高电平持续时间为 1s，即在 cnt_en=1 时，闸门打开，在 1s 时间内对待测信号 fin 进行计数。计数完成后在 load 信号的上升沿进行锁存（load 是 cnt_en 取反），然后通过将 rst 置 1 对计数器清零，准备下一次计数。

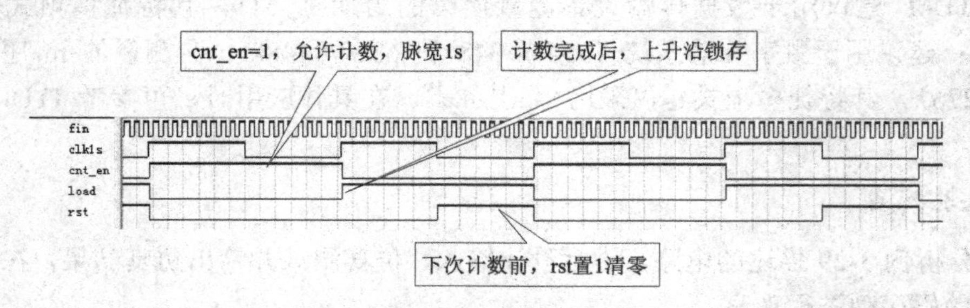

图 3-59 测频控制部分时序原理

频率计的设计框图如图 3-60 所示，方框内是 FPGA 完成的工作，可以分为测频控制模块、计数器、锁存器和数码管译码显示模块 4 部分。测频控制模块产生需要的控制信号，其中计数使能信号 cnt_en 和计数清零信号 rst 用于控制计数器，信号 load 控制锁存器。锁存后的 4 位十进制数据进入数码管译码显示模块，实现数码管的动态显示，输出 4 位七段数码管的位选、段选信号。

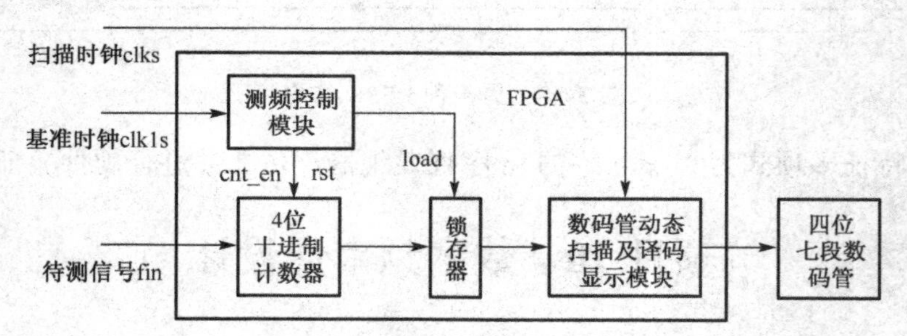

图 3-60 频率计的设计框图

各模块的代码如下。

【例 3-30】 测频控制模块的 Verilog HDL 描述。

```
module ctrl(clk1s,rst,cnt_en,load);
    input clk1s;
    output rst,cnt_en,load;
    reg div2,cnt_end;
always @(posedge clk1s)
    div2<=~div2;                    //div2 是 clk1s 的二分频
always @(negedge clk1s)
```

```
    cnt_end<=div2;
assign rst=~(cnt_end|div2);     //下次计数前清 0
assign cnt_en=div2;             //cnt_en 即为 div2，脉宽 1s
assign load=!div2;              //load 是 cnt_en 取反，计数完成后锁存
endmodule
```

该模块的仿真结果如图 3-61 所示。

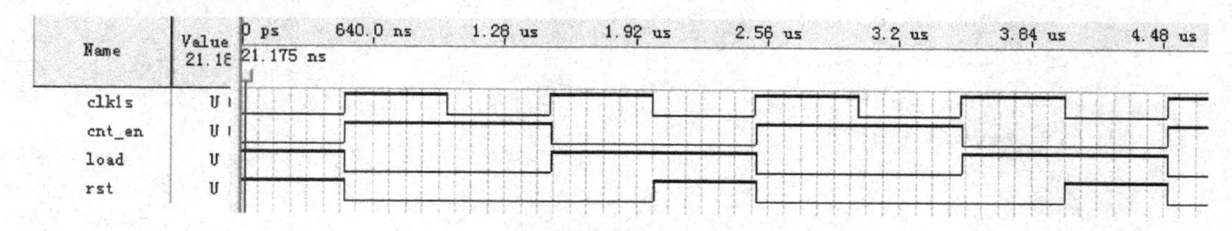

图 3-61　测频控制模块的仿真结果

【例 3-31】 十进制计数器的 Verilog HDL 描述。

```
module cnt10(clk,rst,cin,cout,qout);
    input clk,cin,rst;           //cin：计数使能，高电平有效
    output cout;                 //cout：计数器进位输出
    output [3:0]qout;
    reg[3:0]q;
always @(posedge clk or posedge rst)
    if(rst)
        q=4'd0;
    else if(cin)
            if(q==4'd9)
                q=4'd0;
            else q=q+1'b1;
assign qout=q;
assign cout=cin&&(q==4'd9);
endmodule
```

【例 3-32】 锁存器的 Verilog HDL 描述。

```
module reg4(load,din,dout);
    input load;
    input [3:0] din;
    output [3:0] dout;
    reg [3:0] dout;
always @(posedge load)
    dout<=din;          //在 load 上升沿时锁存数据
endmodule
```

七段数码管动态扫描及译码显示电路在本章项目 4 中介绍过，本例 4 位数码管译码显示电路的 Verilog HDL 描述如例 3-33 所示，其中 clk 为数码管扫描时钟。

【例 3-33】 4 位数码管译码显示电路的 Verilog HDL 描述。

```
module scan_led(seg,scan,clk,d0,d1,d2,d3);
    input clk;                    //数码管扫描时钟信号
    input [3:0] d0,d1,d2,d3;      //锁存器输出的 4 位十进制计数结果
    output [4:0] scan;            //数码管位选信号
    output[7:0] seg;              //数码管段选信号
    reg[7:0]seg;
    reg[3:0]data,scan;
    reg[1:0] cnt4;
always @(posedge clk)
    begin
        cnt4<=cnt4+1;
    end
always
    begin
        case(cnt4[1:0])
            2'b00:begin scan<='b0001;data<=d0;end
            2'b01:begin scan<='b0010;data<=d1;end
            2'b10:begin scan<='b0100;data<=d2;end
            2'b11:begin scan<='b1000;data<=d3;end
            default:begin scan<='bx;data<='bx;end
        endcase
        case(data[3:0])
            //译码显示电路，段码各位排序：h g f e d c b a
            4'b0000:seg[7:0]<=8'b00111111;
            4'b0001:seg[7:0]<=8'b00000110;
            4'b0010:seg[7:0]<=8'b01011011;
            4'b0011:seg[7:0]<=8'b01001111;
            4'b0100:seg[7:0]<=8'b01100110;
            4'b0101:seg[7:0]<=8'b01101101;
            4'b0110:seg[7:0]<=8'b01111101;
            4'b0111:seg[7:0]<=8'b00000111;
            4'b1000:seg[7:0]<=8'b01111111;
            4'b1001:seg[7:0]<=8'b01101111;
            default:seg[7:0]<='bx;
        endcase
    end
endmodule
```

上述各模块设计好之后，在每一个子模块设计文件窗口中选择 File→Creat/Update→Create Symbol Files for Current File 命令，可产生后缀名为 bsf 的模块元件，依次产生上面 4 个模块的元件符号。接下来新建原理图编辑文件，将各子模块调出进行顶层原理图设计。频率计顶层原理图如图 3-62 所示，其中调用了 4 个十进制计数器，低一级的进位信号作为高一位的计数使能信号，构成同步 4 位十进制计数器。

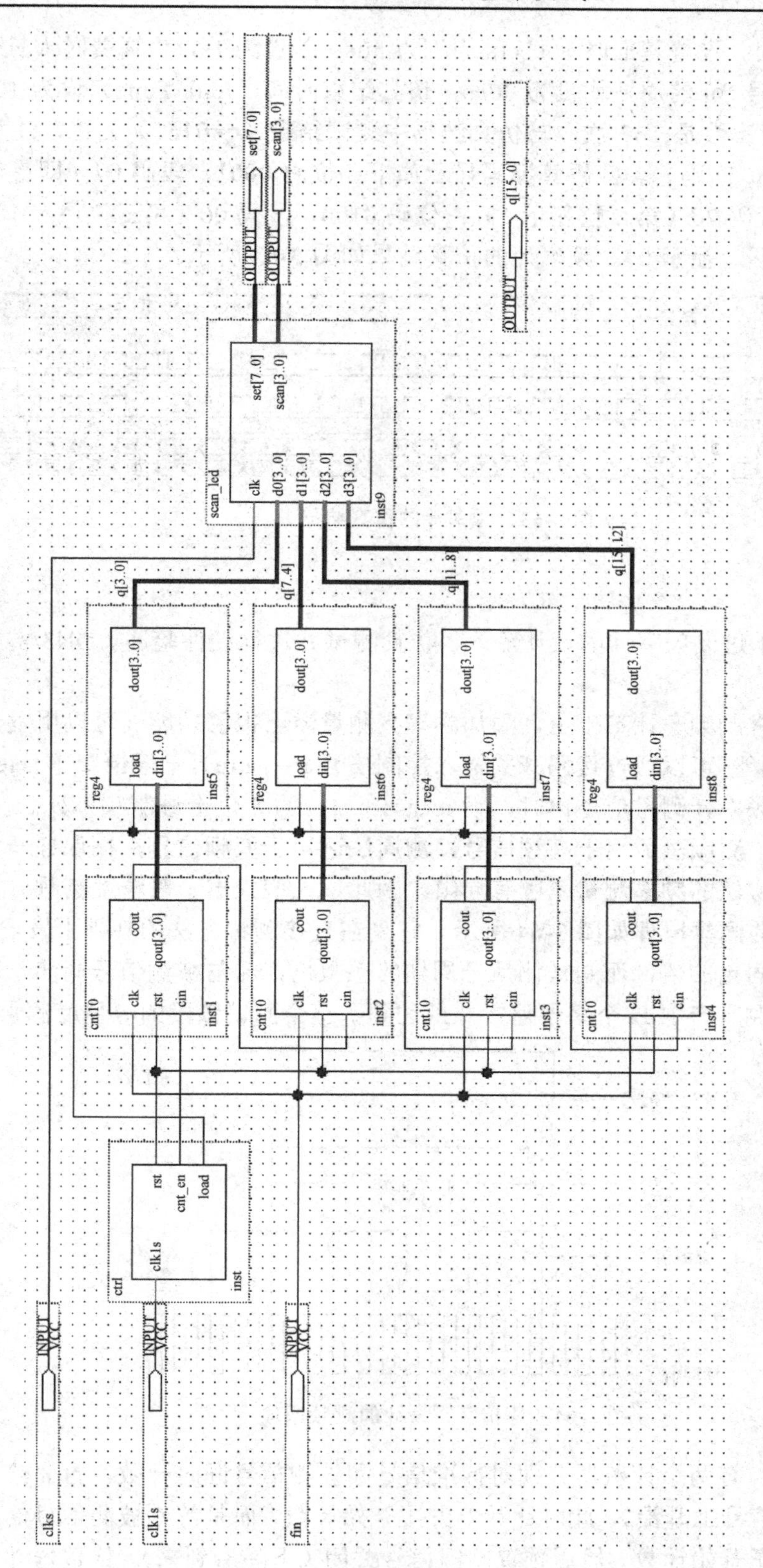

图 3-62　频率计顶层原理图

顶层文件仿真时，设置基准时钟 clk1s 周期为 5μs（若设为 1s，仿真费时太长），扫描时钟 clks 和待测信号 fin 的周期均设为 30ns，仿真结束时间（End Time）设为 100μs。这样，5μs 内 fin 重复次数是 167 次，与仿真波形中测试结果（q=0167）相符，注意 q 是 4 位十进制数（4 位 BCD 码）。数码管译码显示如下：位码 0001，段码 07（即最低位显示 7）；位码 0010，段码 7d（第二位显示 6）；位码 0100，段码 06（第三位显示 1）；位码 1000，段码 3f（第四位显示 0）。频率计的仿真结果如图 3-63 所示。

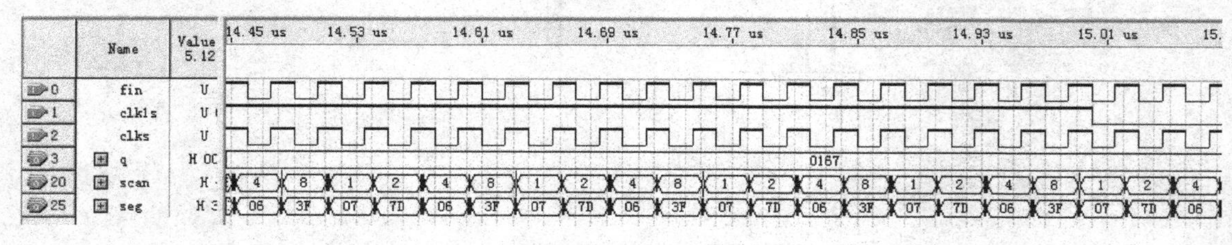

图 3-63　频率计的仿真结果

3. 实验内容

（1）完成 4 位十进制频率计的设计输入、仿真测试并进行硬件验证。DN3 实验箱上只有一个时钟输入。

（2）在 4 位十进制频率计基础上，添加频率亮测量溢出报警功能（可以用发光二极管指示）和量程选择功能（可以通过拨码开关输入控制信号 measure）。一般情况下，measure=0，为 4 位频率计；当频率计测量值溢出时，设 measure=1，为 8 位十进制频率计。

（3）前面提到，测频法适用于高频信号，测周法适用于低频信号，在保证一定测频精度的前提下，两种方法的频率测量范围有局限。因此，人们提出了等精度测频方法。

等精度频率计的测频原理如图 3-64 所示，它是在直接测频方法的基础上发展起来的。它的闸门时间不是固定的值，而是被测信号周期的整数倍，即与被测信号同步，因此，排除了对被测信号计数所产生±1 个字误差，并且达到了整个测试频段的等精度测量。

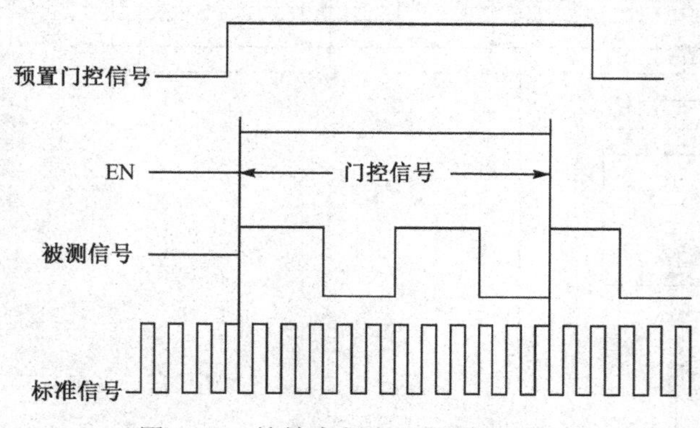

图 3-64　等精度频率计的测频原理

在测量过程中，有两个计数器分别对标准信号和被测信号同时计数。首先给出闸门开启信号（预置门控信号上升沿），此时计数器并不开始计数，而是等到被测信号的上升沿到来时，计数器才真正开始计数。然后预置闸门信号关闭（下降沿到来），计数器并不立即停止计数，而是等到被测信号的上升沿到来时才结束计数，完成一次测量过程。可以看出，实际门控信号与预置门控信号并不严格相等，但是差值不超过被测信号的一个周期。设在一次实际门控信号时间 T 中计数器对被测信号的计数值为 N_x，对标准信号的计数值为 N_s，标准信号的频率为 f_s，则被测信号的频率为 $f_x = f_s \times (N_x / N_s)$。

在测频过程中虽然对被测信号的计数是准确无误的，但是对标准信号的计数却会产生一定的误差，其误差最大为一个标准信号脉冲。等精度频率计测量频率的相对误差与被测信号频率的大小无关，仅与闸门时间和标准信号频率有关，可以实现整个测试频段的等精度测量。闸门时间越长，标准频率越高，测频的相对误差越小。

等精度测频的实现方法可简化为图 3-65 所示。计数器 1 和计数器 2 为两个可控计数器，标准信号 f_s 从计数器 1 的时钟输入端 CLK 输入；经整形后的被测信号 f_x 从计数器 2 的时钟输入端 CLK 输入。每个计数器中的 EN 输入端为时钟使能控制时钟输入。当预置闸门信号为高电平（预置时间开始）时，被测信号的上升沿通过 D 触发器的输出端，同时启动两个计数器；同样，当预置闸门信号为低电平（预置时间结束）时，被测信号的上升沿通过 D 触发器的输出端，同时关闭计数器的计数。

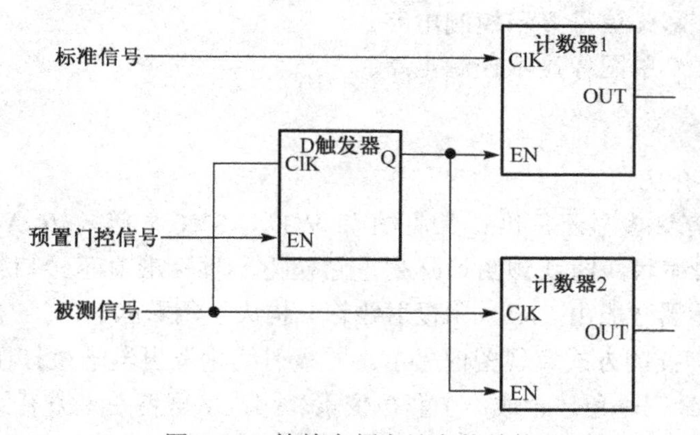

图 3-65　等精度频率计主控结构

根据上述原理设计一个等精度频率计的主控模块，计数器 1 和计数器 2 为 32 位二进制计数器，完成设计、仿真和硬件测试。

第4章　EDA技术创新实践项目

本章为读者提供了10个EDA创新实践项目，项目的选题以创新性、实用性为主。对于一些专业性比较强的算法在本书中只做简单介绍，若需深入学习研究的读者可参考相关资料。

项目1　VGA显示控制器设计

1. 实验目的

（1）学习VGA图像显示控制原理。

（2）实现VGA彩条信号显示控制电路。

（3）实现VGA简单图像显示控制电路。

2. 实验原理

（1）VGA标准介绍

计算机显示器有许多显示标准，常见的有VGA、SVGA等。VGA是Video Graphics Adapter（Array）的缩写，即视频图形阵列，它作为一种标准显示接口得到了广泛的应用。

常见的彩色显示器一般由CRT（阴极射线管）构成，色彩由R、G、B（红、绿、蓝）三基色组成，用逐行扫描的方式实现图像显示。阴极射线枪发出电子束打在涂有荧光粉的荧光屏上，产生R、G、B三基色，合成一个彩色像素。扫描从屏幕左上方开始，从左到右、从上到下进行扫描，每扫完一行，电子束都回到屏幕下一行左边的起始位置。在这期间，CRT对电子束进行消隐，每行结束时，用行同步信号进行行同步；扫描完所有行时，用场同步信号进行场同步，并使扫描回到屏幕的左上方，同时进行场消隐，预备下一场的扫描。

对VGA显示器，共有5个输出信号：R、G、B是三基色信号，HS是行同步信号，VS是场同步信号。注意：这5个信号的时序驱动要严格遵循“VGA工业标准”，即640×480×60Hz模式，否则可能会损害VGA显示器。

图4-1和图4-2分别是行扫描、场扫描的时序图。表4-1和表4-2分别列出了它们的时序参数。

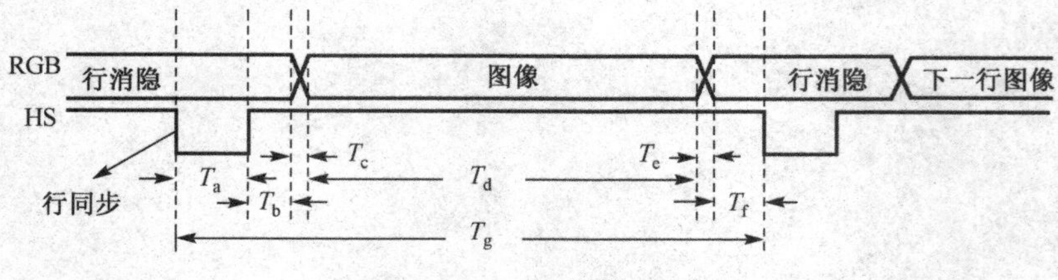

图4-1　VGA行扫描时序图

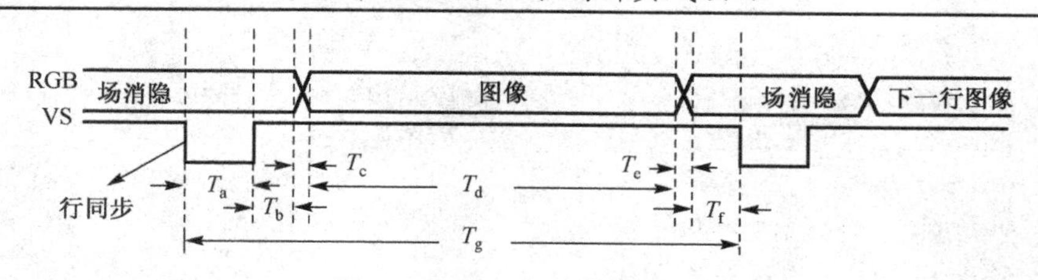

图 4-2　VGA 场扫描时序图

表 4-1　行扫描时序参数（单位：像素 Pixels，即输出一个像素的时间）

	行同步头			行图像			行周期
对应位置	T_a	T_b	T_c	T_d	T_e	T_f	T_g
时间（Pixels）	96	40	8	640	8	8	800

表 4-2　场扫描时序参数（单位：行 Lines，即输出一行的时间）

	场同步头			场图像			场周期
对应位置	T_a	T_b	T_c	T_d	T_e	T_f	T_g
时间（Lines）	2	25	8	480	8	2	525

VGA 工业标准要求的频率如下：

时钟频率（Clock Frequency）　　25.175MHz（像素输出频率）

行频率（Line Frequency）　　31 469Hz

场频率（Field Frequency）　　59.94Hz（每秒图像刷新频率）

VGA 工业标准模式要求行同步、场同步都为负极性，即同步头脉冲要求是负脉冲。设计时要注意时序驱动及电平驱动，详细情况可参考相关资料。

（2）VGA 显示控制器设计

我们用 FPGA 来实现 VGA 图像控制器，为了产生图 4-1 和图 4-2 所示的行扫描时序、场扫描时序，用两个计数器分别进行行扫描计数、场扫描计数。行计数器时钟为 25MHz，场计数器时钟为行计数器计数溢出信号。计数的同时控制行、场同步信号输出，并在适当的时候送出数据，就能显示相应的图像。注意：消隐期间送出的数据应为 0x00。显示器的刷新频率为 25MHz/800/525=59.52Hz，接近 VGA 工业标准场频率 59.94Hz。

设三基色信号 R、G、B 为正极性信号，即高电平有效。为了节省存储空间，仅采用 3 位数字信号表达 R、G、B 三基色信号，因此只可显示 8 种颜色，表 4-3 所示为颜色对应的编码电平。

表 4-3　颜色编码表

颜色	黑	蓝	红	紫	绿	青	黄	白
R	0	0	0	0	1	1	1	1
G	0	0	1	1	0	0	1	1
B	0	1	0	1	0	1	0	1

VGA 显示控制器的 Verilog HDL 描述如例 4-1 所示，这里的图像数据由外部输入。

【例 4-1】 VGA 显示控制器的 Verilog HDL 描述。

```
module vga_ds(clk,hs,vs,r,g,b,rgbin,dout);
    input clk;                          //工作时钟取25MHz
    input [2:0] rgbin;                  //图像数据
    output hs,vs,r,g,b;                 //行、场同步信号，红、绿、蓝三基色信号
    output [11:0] dout;
    reg [9:0] hcnt,vcnt;
    reg r,g,b,hs,vs;
assign dout={vcnt[5:0],hcnt[5:0]};
always @(posedge clk)                   //水平扫描计数器
    if (hcnt<800) hcnt<=hcnt+1;
    else hcnt<=10'b0;
always @(posedge clk)                   //垂直扫描计数器
    if (hcnt==640+8)
        if (vcnt<525) vcnt<=vcnt+1;
        else vcnt<=10'b0;
always @(posedge clk)                   //行同步信号产生
    if ((hcnt>=640+8+8)&&(hcnt<640+8+8+96)) hs<=1'b0;
    else hs<=1'b1;
always @(vcnt)                          //场同步信号产生
    if ((vcnt>=480+8+2)&&(hcnt<480+8+2+2)) vs<=1'b0;
    else vs<=1'b1;
always @(posedge clk)
    if ((hcnt<640)&&(vcnt<480))     //扫描终止
    begin r=rgbin[2]; g<=rgbin[1]; b<=rgbin[0]; end
    else begin r=1'b0; g<=1'b0; b<=1'b0; end
endmodule
```

（3）VGA彩条信号显示模块设计

例4-2描述了一个彩条信号发生器，它可通过外部控制产生3种显示模式，共6种显示变化，如表4-4所示。

表4-4 彩条信号发生器的3种显示模式

1	横彩条	1：白黄青绿紫红蓝黑	2：黑蓝红紫绿青黄白
2	竖彩条	1：白黄青绿紫红蓝黑	2：黑蓝红紫绿青黄白
3	棋盘格	1：棋盘格显示模式1	2：棋盘格显示模式2

控制信号md可接实验箱上的按键，每按一次按键换一次显示模式，6次一循环，分别为：横彩条1、横彩条2、竖彩条1、竖彩条2、棋盘格1和棋盘格2，可加按键去抖模块。例4-2中的时钟频率必须是20MHz，如果取其他频率，必须修改代码中的分频控制。

【例4-2】 VGA彩条信号显示模块的Verilog HDL描述。

```
module vga_colorline(clk,md,hs,vs,r,g,b);
    input clk,md;                   //工作时钟取20MHz
    output hs,vs,r,g,b;             //红、绿、蓝三基色信号，行、场同步信号
    wire fclk,cclk;
    reg hs1,vs1;
```

```
    reg [1:0] mmd;
    reg [4:0] fs,cc;
    reg [8:0] ll;                   //cc:行同步，横彩条生成；ll:场同步，竖彩条生成
    reg [3:1] grbx,grby,grbp;  //grbx:横彩条；grby:竖彩条
    wire [3:1] grb;
assign grb[3]=(grbp[3]^md)&hs1&vs1;
assign grb[2]=(grbp[2]^md)&hs1&vs1;
assign grb[1]=(grbp[1]^md)&hs1&vs1;
always @(posedge md)                         //3种显示模式
    if (mmd==2'b10) mmd<=2'b00; else mmd<=mmd+1;
always @(mmd)
    if (mmd==2'b00) grbp<=grbx;              //选择横彩条
    else if (mmd==2'b01) grbp<=grby;         //选择竖彩条
    else if (mmd==2'b10) grbp<=grbx^grby; //产生棋盘格
    else grbp<=3'b000;
always @(posedge clk)
    if (fs==20) fs<=0; else fs<=fs+1;
always @(posedge fclk)
    if (cc==29) cc<=0; else cc<=cc+1;
always @(posedge cclk)
    if (ll==481) ll<=0; else ll<=ll+1;
always @(cc or ll) begin
    if (cc>23) hs1<=1'b0; else hs1<=1'b1;          //行同步
    if (ll>479) vs1<=1'b0; else vs1<=1'b1; end    //场同步
always @(cc or ll) begin                           //横彩条
    if (cc<3) grbx<=3'b111;
    else if (cc<6) grbx<=3'b110;
    else if (cc<9) grbx<=3'b101;
    else if (cc<12) grbx<=3'b100;
    else if (cc<15) grbx<=3'b011;
    else if (cc<18) grbx<=3'b010;
    else if (cc<21) grbx<=3'b001;
    else grbx<=3'b000;
    if (ll<60) grby<=3'b111;                       //竖彩条
    else if (ll<120) grby<=3'b110;
    else if (ll<180) grby<=3'b101;
    else if (ll<240) grby<=3'b100;
    else if (ll<300) grby<=3'b011;
    else if (ll<360) grby<=3'b010;
    else if (ll<420) grby<=3'b001;
    else grby<=3'b000; end
assign hs=hs1;
assign fclk=fs[3];
assign vs=vs1;
assign g=grb[3];
assign r=grb[2];
```

```
assign b=grb[1];
assign cclk=cc[4];
endmodule
```

3. 实验内容

（1）根据VGA的工作时序，详细分析并说明例4-1的设计原理，给出仿真结果，并说明。

（2）调用例4-1的VGA显示控制器实现VGA图像显示控制模块，图4-3所示为它的顶层设计，其中锁相环模块vgapll输出25MHz时钟，picrom是图像数据ROM，其数据线宽为3，分别为红、绿、蓝三基色信号，ROM的地址信号由显示控制模块vga_ds输出。

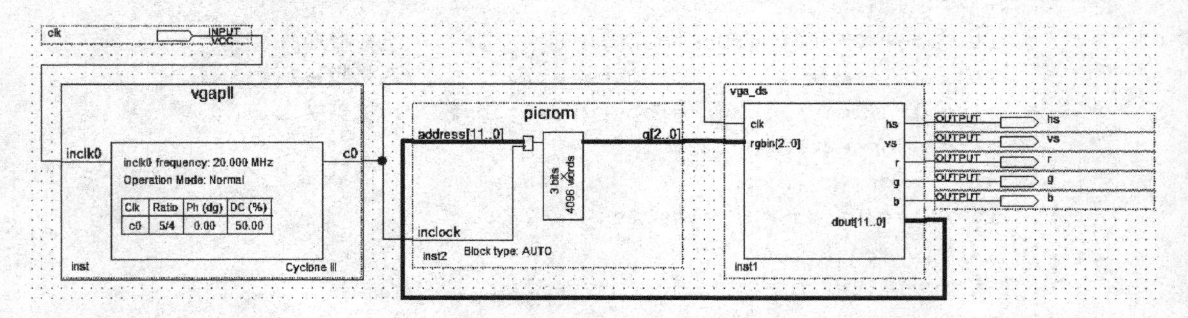

图4-3 VGA图像显示控制模块原理图

设计与生成图像数据，定制放置图像数据的ROM。完成图4-3所示的顶层设计，用硬件验证其功能。为了显示更大的图像，可将picrom规模加大，修改例4-1和顶层设计，验证功能。

（3）完成例4-2的VGA彩条信号显示模块，给出仿真结果，并进行硬件验证。

（4）设计可以显示移动彩色斑点的VGA信号发生器电路。

项目2 硬件电子琴的设计

1. 实验目的

（1）掌握乐曲演奏的基本参数：音调与音长。

（2）学习利用蜂鸣器和按键设计硬件电子琴。

（3）学习利用硬件电子琴的原理设计乐曲自动演奏电路。

2. 实验原理

（1）乐曲演奏的原理

乐曲演奏的两个基本参数是音调和音长。频率的高低决定音调，持续的时间决定音长。只要控制输出到扬声器单位激励信号的频率及其持续时间，就能演奏出相应的乐曲。

电子琴各音阶与频率的详细对应图如图4-4所示。

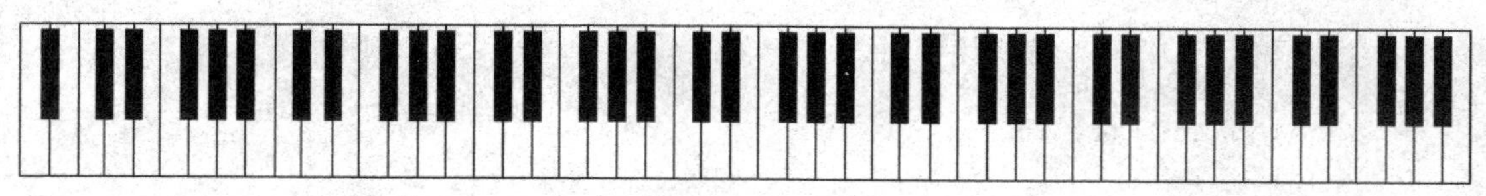

图 4-4　电子琴各音阶与频率对照图（单位：Hz）

所有不同频率的信号都是从同一基准频率分频而得来的。由于音阶频率多为非整数，二分频系数又不能为小数，故必须将计算得到的分频数进行四舍五入取整，并且其基准频率和分频系数应综合考虑加以选择，从而保证音乐不会走调。

（2）简易硬件电子琴设计

利用 KX_DN3 实验箱上的按键可以实现一个简易电子琴，按键 S0～S7 分别表示中音的 Do、Re、Mi、Fa、Sol、La、Si 和高音的 Do。采用第 3 章项目 6 介绍的数控分频器来实现不同音阶的频率，由式（4-1）可计算出各音阶的分频预置数 tone。

$$f_{spks} = f_{clk} / [2 \times (0x7FF - tone)] \tag{4-1}$$

式中，f_{clk} 是系统时钟频率，f_{spks} 是蜂鸣器输出频率，参照图 4-4 中各音阶频率。

例 4-3 是一个简易硬件电子琴的 Verilog HDL 代码，系统时钟取 1MHz。按下不同的按键，蜂鸣器会发出不同的音调，同时用 8 个发光二极管指示对应的音符。

【例 4-3】 简易硬件电子琴的 Verilog HDL 描述。

```
module keyplayer(clk,key,spks,led);
    input clk;                          //系统时钟 1MHz
    input [7:0] key;                    //按键输入
    output spks;                        //蜂鸣器输出
    output [7:0] led;                   //LED 输出
    reg spks,spks_r;
    reg [10:0] cnt11,tone;
    reg [7:0] key_r;
always @(posedge clk)                   //11 位可预置计数器
    if (cnt11==11'h7ff) begin cnt11=tone; spks_r<=1'b1; end
    else begin cnt11<=cnt11+1; spks_r<=1'b0; end
always @(key) begin
    key_r=key;                          //取键值
    case (key_r)                        //各音阶的分频系数
    8'b11111110: tone=11'h305;
    8'b11111101: tone=11'h390;
    8'b11111011: tone=11'h40c;
    8'b11110111: tone=11'h45c;
    8'b11101111: tone=11'h4ad;
    8'b11011111: tone=11'h50a;
```

```
        8'b10111111: tone=11'h55c;
        8'b01111111: tone=11'h582;
        default:tone=11'h7ff;
        endcase end
    always @(posedge spks_r)            //二分频
        spks<=!spks;
    assign led=key_r;
    endmodule
```

（3）乐曲自动演奏电路

接下来在之前的基础上设计乐曲自动演奏电路，实现乐曲《梁祝》的演奏。乐曲自动演奏电路的框图如图 4-5 所示。除了时钟产生模块外，主要可以分为 CNT138T、MUSIC ROM、F_CODE 和 SPEAKER 这 4 个模块，下面分别介绍。

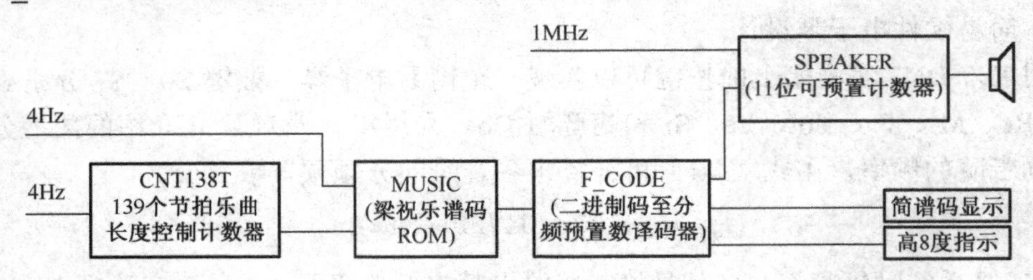

图 4-5 乐曲自动演奏电路的框图

梁祝的乐谱码置于一个数据 ROM——MUSIC 中，ROM 的时钟为 4Hz，即每一音符持续 0.25s，当全音符设置为 1s 时，0.25s 恰好是一个 4 分音符持续时间，也是该乐曲中的最小节拍。例如，梁祝的第一个音符为“3”，持续 4 个 4 分音符，则在 ROM 的前 4 个地址中均填入音符“3”。

模块 CNT138T 是一个 8 位二进制计数器，作为音符数据 ROM 的地址发生器，计数时钟也为 4Hz。一曲《梁祝》共有 139 个音符数，CNT138T 的计数模值也设为 139，确保乐曲可以循环演奏。

音符的频率由 SPEAKER 模块获得，它是一个数控分频器，分频器的输出频率由分频预置数决定（同式（4-1））。由于分频器输出信号脉宽极窄，无法驱动蜂鸣器，需要另加一个二分频模块，输出占空比为 50%的信号至蜂鸣器。

F_CODE 是乐曲简谱码对应的分频预置数查表电路，为 SPEAKER 模块提供所发音符的分频预置数，并输出简谱码显示和高 8 度指示。

乐曲自动演奏电路的系统时钟取 20MHz，通过嵌入式锁相环模块产生 1MHz 和 2kHz 两个时钟信号，其中 2kHz 信号通过分频器得到 4Hz 信号。乐曲自动演奏电路的时钟产生电路框图如图 4-6 所示。

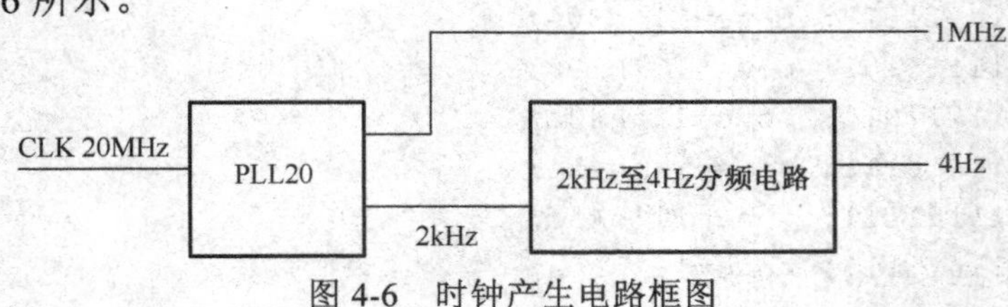

图 4-6 时钟产生电路框图

乐曲自动演奏电路的顶层模块图如图 4-7 所示。各子模块代码如例 4-4～例 4-8 所示，嵌入式锁相环模块和音符数据 ROM 分别通过参数化宏功能管理器定制，详见第 3 章的项目 7。

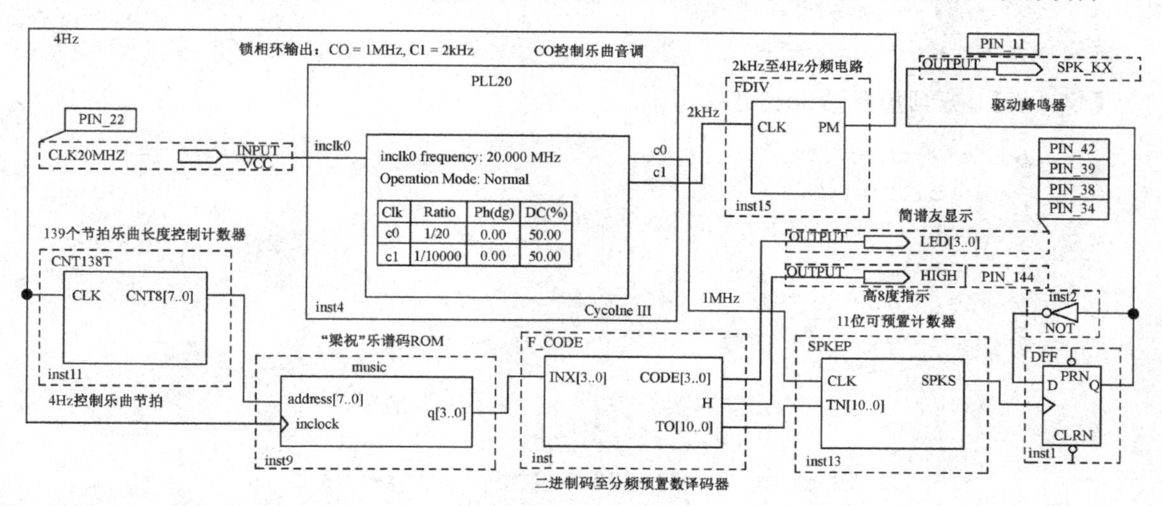

Clk	Ratio	Ph(dg)	DC(%)
c0	1/20	0.00	50.00
c1	1/10000	0.00	50.00

图 4-7　乐曲自动演奏电路的顶层模块

【例 4-4】 2kHz 至 4Hz 分频电路。

```
module FDIV(CLK,PM);
    input CLK;
    output PM;
    reg [8:0] Q1;
    reg FULL;
    wire RST;
always @(posedge CLK or posedge RST)   begin
    if(RST)
       begin Q1<=0;FULL<=1;end
    else begin Q1<=Q1+1; FULL<=0; end  end
assign RST=(Q1==499);
assign PM=FULL;
assign DOUT=Q1;
endmodule
```

【例 4-5】 音符数据 ROM 地址产生模块。

```
module CNT138T(CLK, CNT8);
    input CLK;
    output[7:0] CNT8;
    reg[7:0] CNT;
    wire LD;
always @(posedge CLK or posedge LD)
    begin
       if(LD) CNT <=8'b00000000;
    else CNT<=CNT+1;
```

```
        end
    assign CNT8=CNT;
    assign LD=(CNT==138);
endmodule
```

【例 4-6】 分频预置数查表电路。

```
module F_CODE(INX,CODE,H,TO);
    input[3:0] INX;
    output[3:0] CODE;
    output H;
    output[10:0] TO;
    reg[10:0] TO; reg[3:0] CODE; reg H;
always @(INX)  begin
      case(INX)  //译码电路，查表方式，控制音调的预置
          0: begin TO<=11'H7FF;CODE<=0;H<=0;end
          1: begin TO<=11'H305;CODE<=1;H<=0;end
          2: begin TO<=11'H390;CODE<=2;H<=0;end
          3: begin TO<=11'H40C;CODE<=3;H<=0;end
          4: begin TO<=11'H45C;CODE<=4;H<=0;end
          5: begin TO<=11'H4AD;CODE<=5;H<=0;end
          6: begin TO<=11'H50A;CODE<=6;H<=0;end
          7: begin TO<=11'H55C;CODE<=7;H<=0;end
          8: begin TO<=11'H582;CODE<=1;H<=1;end
          9: begin TO<=11'H5C8;CODE<=2;H<=1;end
          10:begin TO<=11'H606;CODE<=3;H<=1;end
          11:begin TO<=11'H640;CODE<=4;H<=1;end
          12:begin TO<=11'H656;CODE<=5;H<=1;end
          13:begin TO<=11'H684;CODE<=6;H<=1;end
          14:begin TO<=11'H69A;CODE<=7;H<=1;end
          15:begin TO<=11'H6C0;CODE<=1;H<=1;end
          default : begin TO<=11'H6C0;CODE<=1;H<=1;end
      endcase end
endmodule
```

【例 4-7】 11 位可预置计数器。

```
module SPKER(CLK,TN,SPKS);
    input CLK;
    input[10:0] TN;
    output SPKS;
    reg SPKS;
    reg[10:0] CNT11;
always @(posedge CLK)
     begin : CNT11B_LOAD // 11 位可预置计数器
        if(CNT11==11'h7FF)
```

```
            begin CNT11=TN; SPKS<=1'b1; end
        else
            begin CNT11=CNT11+1; SPKS<=1'b0; end
    end
endmodule
```

【例 4-8】《梁祝》乐曲演奏音符数据 ROM 数据。

```
WIDTH=4;                        //位宽 4
DEPTH=256;                      //实际深度 139
ADDRESS_RADIX=DEC;              //地址数据类型：十进制
DATA_RADIX=DEC;                 //输出数据类型：十进制
CONTENT                         //注意实际文件中要展开以下数据，每一组占一行
BEGIN
00:3;01:3;02:3; 03: 3; 04: 5; 05: 5;06: 5; 07: 6; 08: 8; 09: 8;10: 8;
11: 9; 12:6;  13: 8; 14: 5; 15: 5; 16:12; 17:12; 18:12; 19:15; 20:13;
21:12; 22:10; 23:12; 24: 9; 25: 9; 26: 9; 27: 9; 28: 9; 29: 9; 30: 9;
31: 0; 32: 9; 33: 9; 34: 9; 35:10; 36: 7; 37: 7; 38: 6; 39: 6; 40: 5;
41: 5; 42: 5; 43: 6; 44: 8; 45: 8; 46: 9; 47: 9; 48: 3; 49: 3; 50: 8;
51: 8; 52: 6; 53: 5; 54: 6; 55: 8; 56: 5; 57: 5; 58: 5; 59: 5; 60: 5;
61: 5; 62: 5; 63: 5; 64:10; 65:10; 66:10; 67:12; 68: 7; 69: 7; 70: 9;
71: 9; 72: 6; 73: 8; 74: 5; 75: 5; 76: 5; 77: 5; 78: 5; 79: 5; 80: 3;
81: 5; 82: 3; 83: 3; 84: 5; 85: 6; 86: 7; 87: 9; 88: 6; 89: 6; 90: 6;
91: 6; 92: 6; 93: 6; 94: 5; 95: 6; 96: 8; 97: 8; 98: 8; 99: 9; 100:12;
101:12;102:12;103:10;104:9; 105:9; 106:10;107: 9;108: 8;109: 8;110: 6;
111: 5;112: 3;113: 3;114:3;  115:3;116: 8;117: 8;118: 8;119: 8;120: 6;
121: 8;122: 6;123: 5;124:3;  125:5;126: 6;127: 8;128: 5;129: 5;130: 5;
131: 5;132: 5;133: 5;134:5;  135:5;136: 0;137: 0;138: 0;
END;
```

3. 实验内容

（1）详细分析并说明例 4-3 的设计原理，完成它的设计、仿真和硬件验证。

（2）设计一个具有 16 个按键的硬件电子琴，采用 4×4 矩阵键盘，代码可参考例 4-3 和例 3-20。

（3）定制例 4-8 的音符数据 ROM——MUSIC，并对该 ROM 进行仿真，确保音符数据已经进入该 ROM。

（4）对图 4-7 中所有模块分别仿真测试，特别是通过联合测试模块 F_CODE 和 SPEAKER，进一步确认 F_CODE 中音符预置数的精确性。可以用频率计测试，并与图 4-4 的数据进行核对，如果有偏差要修正。

（5）完成图 4-7 所示系统的仿真调试和硬件验证。演奏发音输出段 SPK_KX 接实验箱蜂鸣器输入，对应的简谱码可由 LED[3..0]输出并在数码管上显示，HIGH 为高八度音指示信号，可由发光二极管指示。

（6）为实验内容（2）的硬件电子琴增加一到两个 RAM，用以记录弹琴时的节拍、音符和对应的分频预置数。当乐曲演奏后，可以通过自动控制功能自动重播曾经弹奏的乐曲。

项目 3　DDS 信号发生器的设计

1．实验目的

（1）掌握 DDS 的工作原理。

（2）掌握 DDS 的设计方法。

（3）熟悉 LPM 模块的定制和使用方法。

2．实验原理

（1）DDS 原理

DDS（Direct Digital Synthesis）即直接数字合成器，是一种新型的频率合成技术。具有较高的频率分辨率，可以实现快速的频率切换，并且在改变时能够保持相位的连续，很容易实现频率、相位和幅度的数控调制。DDS 在现代电子系统，尤其在通信领域的设备频率源设计中，应用非常广泛。

DDS 的工作原理如下：利用采样定理，按一定的相位间隔，将待产生的波形幅度的二进制数据存储于高速存储器中。用晶体振荡器作为时钟，用频率控制字决定每次从查找表中取出波形数据的相位间隔，以产生不同的输出频率。对取出的波形数据经过高速模数转换器合成所需波形，再经过低通滤波器输出。

将一个周期的波形进行 2^N 点采样后存于 ROM 存储器中，在系统时钟的控制下，存储器的波形数据将不断地被读取。设系统时钟频率为 f_{clk}，则读完一个周期的波形数据需要的时间为 $2^N / f_{clk}$，输出波形频率为 $f_{clk} / 2^N$，这个频率相当于“基频”。频率控制字 M 又称为相位增量，每次读数时，在上一次 ROM 地址上增加 M，即每隔 M 个点读取一次，如图 4-8 所示，经过频率控制字后的输出波形频率为 f_{out}，有 $f_{out} = M(f_{clk} / 2^N)$。

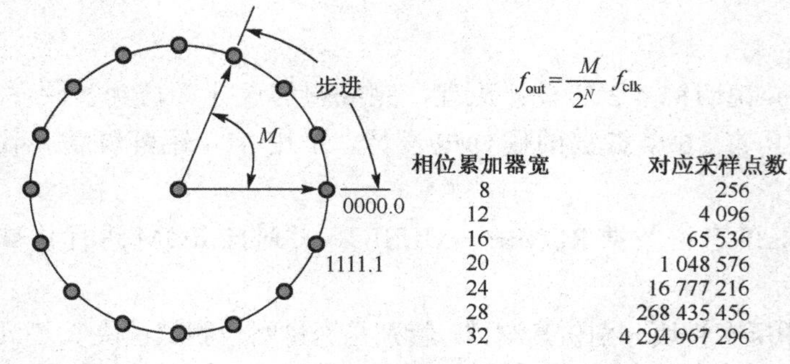

图 4-8　相位累加器

因此，当 $M = 1$ 时，DDS 输出频率最低，为 $f_{clk} / 2^N$；由 Nyquist 采样定理知，当 $M = 2^{N-1}$ 时，DDS 输出频率最高，为 $f_{clk} / 2$。只要 N 足够大，DDS 就能获得较小的频率间隔和较高的频率分辨率。

图 4-9 所示为一个基本的 DDS 结构，主要由相位累加器、相位调制器、ROM 查找表和 D/A 转换器构成。其中相位累加器、相位调制器、ROM 查找表是 DDS 结构中的数字

部分，具有数控频率合成的功能，又称为数字控制振荡器（NCO，Numerically Controlled Oscillators）。

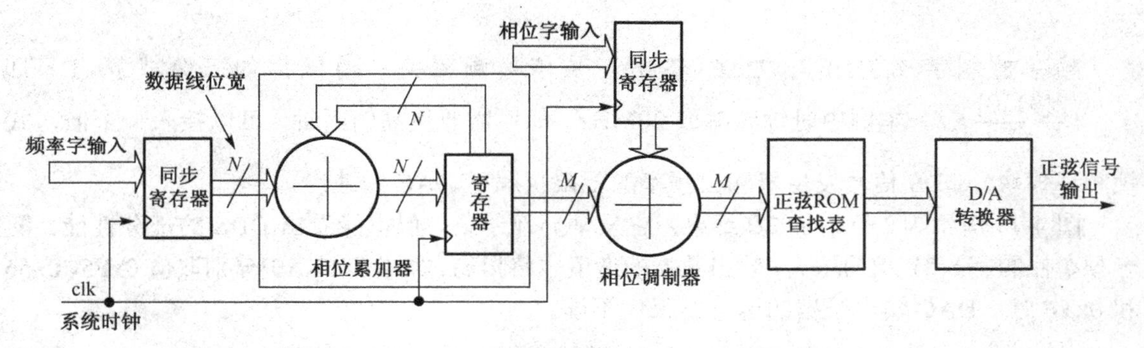

图 4-9　基本的 DDS 结构

在图 4-9 中，频率控制字输入经过了一组同步寄存器，使得当频率字改变时不会干扰相位累加器的正常工作。相位调制器接收相位累加器的相位输出，在这里加上了一个相位控制偏移值，主要用于信号的相位调制，如相移键控（PSK）等，在不使用时可以去掉该部分，或者加一个固定的常数相位控制字输入。相位控制输入最好也用同步寄存器保持同步。注意：相位控制输入字的位宽一般小于频率控制输入字的位宽。

（2）DDS 信号发生器设计

根据 DDS 原理框图设计图 4-10 所示的 DDS 电路的顶层原理图。

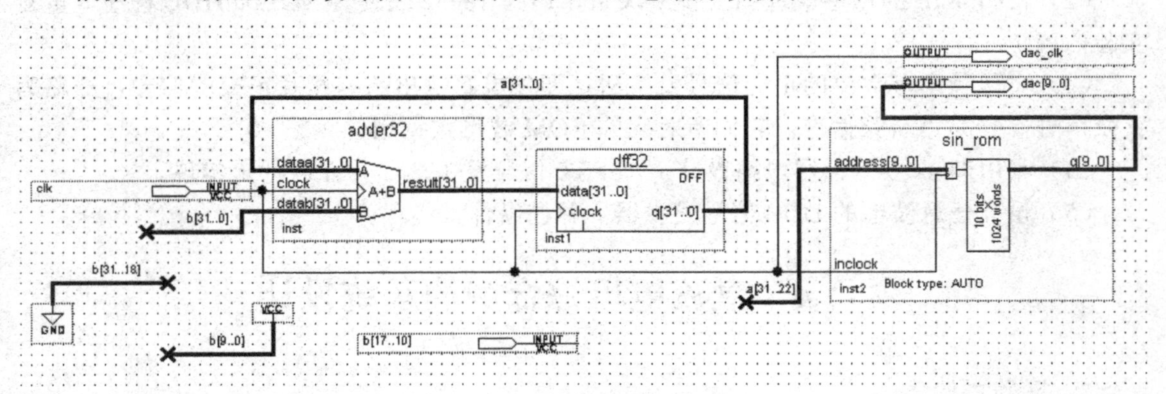

图 4-10　DDS 电路的顶层原理图

其中相位累加器的位宽是 32，共有 3 个元件和一些接口，说明如下。

① 32 位加法器 adder32，由 LPM_ADD_SUB 宏模块构成，设置了两级流水线结构，使其在时钟控制下有更高的运算速度和输入数据稳定性。

② 32 位寄存器 dff32，由 LPM_FF 宏模块构成，与 adder32 一起构成 32 位相位累加器，其高 10 位 a[31..22]作为波形数据 ROM 的地址。

③ 波形数据 ROM，本例中正弦波数据 ROM 模块 sin_rom 的地址线和数据线位宽都是 10 位。即一个周期的正弦波数据取 1024 个采样点，每个数据有 10 位，其输出可以接一个 10 位的高速 DAC；如果只有 8 位 DAC，可以截去低 2 位输出。ROM 的初始化数据由 mif 文件生成器产生，具体使用方法参照相关资料。

④ 频率控制字输入 b[17..10]，原来的频率控制字是 32 位，为了方便实验验证（实验箱的输入拨码开关只有 8 个），把高于 17 位和低于 10 位的频率控制字输出预先设置为 0 或 1。

频率控制字 b[31..0]与 DAC 输出正弦信号频率关系可以由如下公式算出，即 $f_{\mathrm{out}}=\dfrac{b[31..0]}{2^{32}}f_{\mathrm{clk}}$，本例中时钟频率取 20MHz。如果需要更高的时钟，可以接入一个嵌入式锁相环模块。DDS 信号发生器输出频率的上限依赖于 DAC 的速度。

图 4-11 所示为 DDS 的仿真结果，它只是局部结果，但也能看出 DDS 的部分性能。随着频率控制字 b[31..0]的增大，输出数据的速度也将提高。如当 b[17..10]分别取值 0xF5、0x56 和 0x1F 时，DAC 输出数据的速度有很大不同。

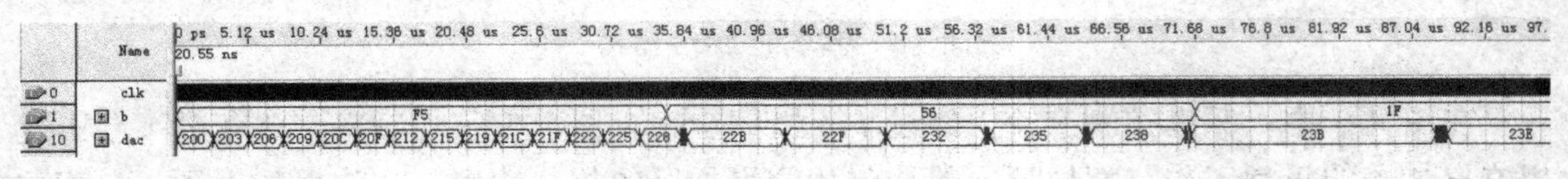

图 4-11 DDS 的仿真结果

3．实验内容

（1）根据图 4-10 完成 DDS 的整体设计和仿真测试，并由仿真结果进一步说明 DDS 的工作原理。完成编译和下载，用嵌入式逻辑分析仪 SignalTap II 或示波器观察输出结果。

（2）将图 4-10 的顶层原理图及子模块 adder32、reg32 表述为 Verilog HDL 程序，重复实验内容 1。

（3）实现频率可数控的正交信号发生器，即使电路输出两路相互正交的信号，一路为正弦信号，一路为余弦信号，它们所对应的 ROM 波形数据相位相差 90°。

（4）利用图 4-10 的顶层电路设计一个 FSK 信号发生器，并在硬件上实现。

（5）设计任意波形的 DDS 信号发生器，并在硬件上实现。

项目 4 直流电机综合测控系统设计

1．实验目的

（1）掌握 PWM 控制的工作原理。

（2）学习使用 PWM 对直流电机进行调速、旋转方向控制。

2．实验原理

（1）PWM 调制原理

PWM 是脉冲宽度调制（Pulse Width Modulation）的简称，它在自动控制和计算机技术领域中都有广泛的应用，是电机控制、交流检测等系统的核心模块。

一般的 PWM 信号是通过模拟比较器产生的，比较器的一端接给定的参考电压，另一端接周期性线性增加的锯齿波电压。当锯齿波电压小于参考电压时，输出低电平，当锯齿波电压大于参考电压时，输出高电平。改变参考电压就可以改变 PWM 波形中高电平的宽度。若用单片机产生 PWM 信号波形，需要通过 D/A 转换器产生锯齿波电压和设置参考电压，通过外接模拟比较器输出 PWM 波形，因此外围电路比较复杂。

由 FPGA 实现的 PWM 控制器与一般的模拟 PWM 控制器不同，只需 FPGA 内部资源就可以实现。用数字比较器代替模拟比较器，其一端接设定值计数器输出，另一端接线性递增计数器输出。当线性递增计数器的计数值小于设定值时，输出低电平，当计数值大于设定值时，输出高电平。与模拟控制相比，省去了外接的 D/A 转换器和模拟比较器，FPGA 外部连线很少，电路更加简单，便于控制。

（2）直流电机控制电路设计

对直流电机进行调速，可改变加在电机两端的电压值，其实质是对一频率固定的脉冲的占空比进行调节，故可用 PWM 来控制电机调速。下面设计一个直流电机综合测控系统，对直流电机进行速度控制、旋转方向控制和变速控制。

系统时钟取 20MHz，通过嵌入式锁相环模块产生 5MHz 和 4096Hz 两个时钟信号，其中 4096Hz 信号通过分频器得到 1Hz 信号，送至转速测试模块，分频电路由一个 12 位二进制 LPM_COUNTER 构成。直流电机测控系统的时钟产生电路框图如图 4-12 所示。

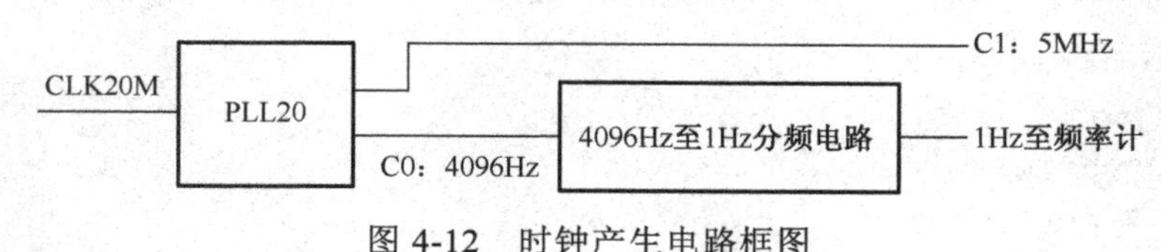

图 4-12　时钟产生电路框图

直流电机控制电路框图如图 4-13 所示，主要由转速控制模块、转速测试模块、PWM 信号发生器、电机旋转方向控制模块和去抖电路构成。

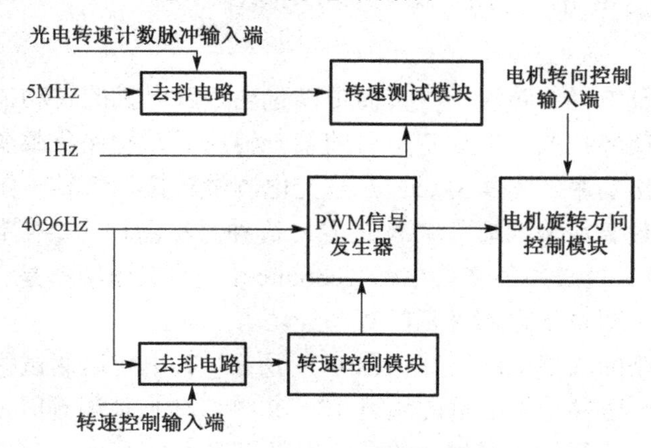

图 4-13　直流电机控制电路框图

PWM 脉宽调制信号发生模块 squ1 是 FPGA 中的 PWM 信号产生电路，它的代码如例 4-9 所示。这就是一个比较器，一个输入端来自 8 位计数器（相当于锯齿波信号）；另一个输入端来自转速控制模块，即通过转速控制输入端（按键 S8）手动控制电机的转速。

【例 4-9】 PWM 信号发生器的 Verilog HDL 描述。

```
module squ1(cin,adr,ot);
    input [7:0] cin,adr;
```

```
        output ot;
        reg ot;
    always @(cin) begin
        if (adr<cin)
            ot<=1'b0;
        else ot<=1'b1; end
    endmodule
```

转速控制按键 S8 在进入转速控制模块之前加了一个去抖模块 debounce1，参照例 3-21，由于按键抖动频率较低，debounce1 模块的时钟选择 4096Hz。转速控制模块就是一个 4 位计数器，产生 cin 的高 4 位 c[7..4]，低 4 位 c[3..0]设定为 1111。为了能在实验箱上看到按键 S8 输入的控制数据，在计数器后加了七段译码模块 decl7s，参照例 3-18。

PWM 信号产生模块的输出接电机旋转方向控制模块，此模块两个输出端口接电机。通过控制 SL 端（按键 S1）可以改变电机的转向。电机旋转方向控制模块 SLT 是一个多路选择器，根据按键 S1 控制电机的正/反转，其代码如例 4-10 所示。

【例 4-10】 电机旋转方向控制模块的 Verilog HDL 描述。

```
module slt(sl,pwm_in,m0,m1);
    input sl,pwm_in;
    output m0,m1;
    reg moto_dir;
always @(posedge sl)
    moto_dir<=!moto_dir;
assign m0=moto_dir?pwm_in:1'b0;
assign m1=moto_dir?1'b0:!pwm_in;
endmodule
```

转速测试模块测量电机的转速，一方面可以直观了解电机的转动情况，更重要的是，可以据此构成电机的闭环控制，即设定电机的某一转速后，确保负载变动时仍旧能保持不变的转速和恒定的输出功率。本实验通过红外光电测量转速，每转一圈光电管发出一个负脉冲，由光电转速计数脉冲输入端 CNTN 进入。这种方法测转速会附带大量的毛刺脉冲，所以在 CNTN 的信号后也必须加去抖电路 debounce1，其工作频率是 5MHz。转速计数脉冲信号去抖后进入一个两位十进制显示的频率计。

直流电机控制电路的顶层电路设计如图 4-11 所示。其中转速测试模块是一个两位十进制频率计，频率计的原理参见第 3 章的项目 10。其中 CTRL 是测频时序控制电路，可参考例 3-30；CNT10D 是一个两位十进制计数器，代码如例 4-11 所示；LOCK8 是 8 位寄存器，代码如例 4-12 所示。两位十进制频率分别在两个数码管上显示。

【例 4-11】 两位十进制计数器，即 100 进制计数器的 Verilog HDL 描述。

```
module cnt10d(clk,ena,rst,q,cout);
    input clk,ena,rst;
    output [7:0] q;
    output cout;
    reg [7:0] q;
```

```
always @(posedge clk or posedge rst)
    if (rst) q<=0;
    else if (ena)
              if (q<100) q<=q+1;
              else q<=0;
assign cout=(q==100);
endmodule
```

【例 4-12】 8 位寄存器的 Verilog HDL 描述。

```
module lock8(lock,d,q);
    input lock;
    input [7:0] d;
    output [7:0] q;
    reg [7:0] q;
always @(posedge lock)
    q<=d;
endmodule
```

PWM 信号发生模块中的 8 位计数器代码如例 4-13 所示，转速控制模块的 4 位计数器代码如例 4-14 所示。

【例 4-13】 8 位计数器的 Verilog HDL 描述。

```
module cnt8b(clk,dout);
    input clk;
    output [7:0] dout;
    reg [7:0] dout;
always @(posedge clk)
    dout<=dout+1'b1;
endmodule
```

【例 4-14】 4 位计数器的 Verilog HDL 描述。

```
module cnt4b(clk,dout);
    input clk;
    output [3:0] dout;
    reg [3:0] dout;
always @(posedge clk)
    dout<=dout+1'b1;
endmodule
```

3. 实验内容

（1）完成图 4-14 所示直流电机控制电路所有模块的定制、设计，并分别进行仿真，给出电机的驱动仿真结果，并与示波器中观察到的电机控制波形进行比较。讨论其工作特性，最后完成整个系统的验证性实验。

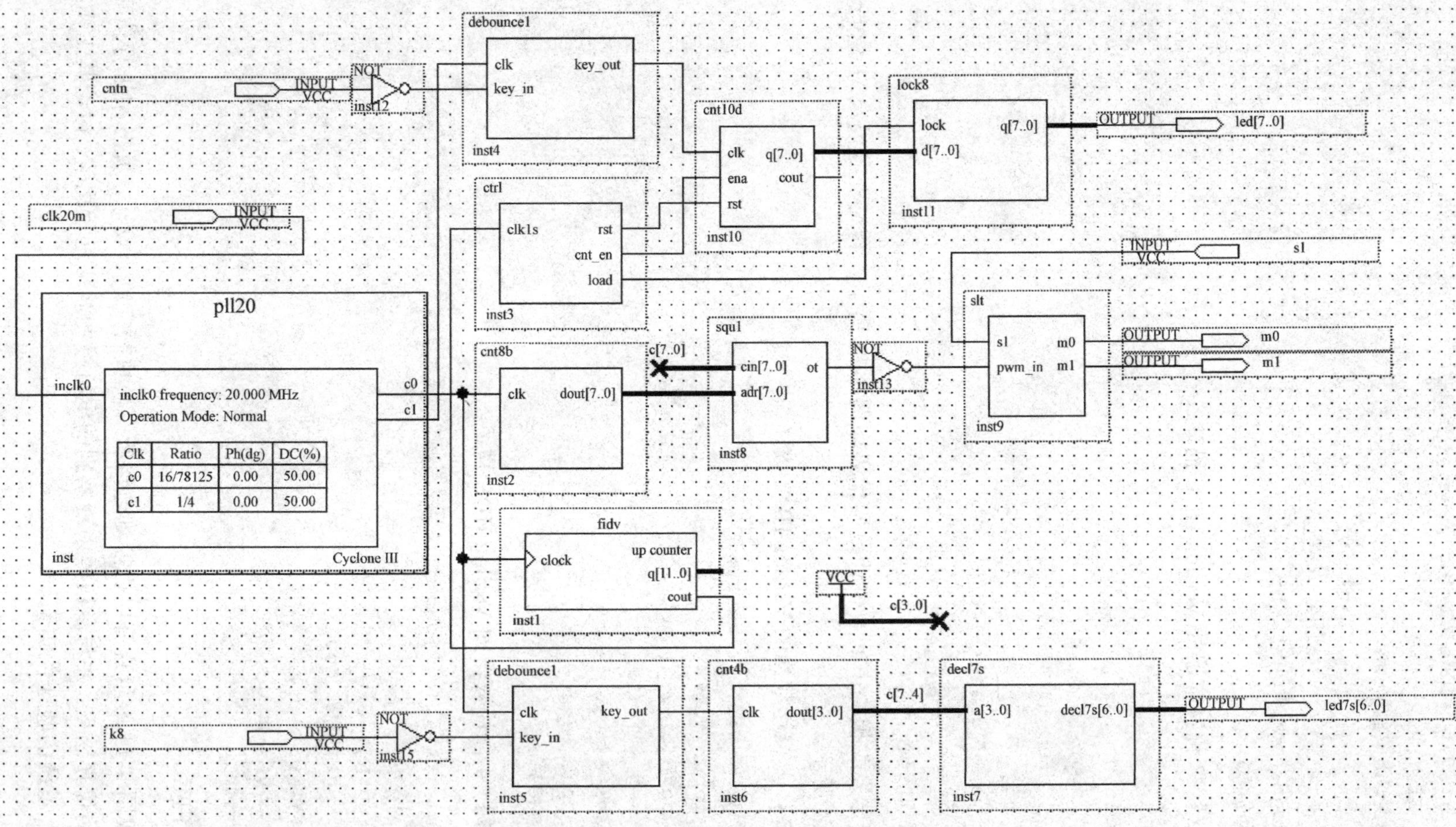

图 4-14 直流电机控制顶层电路图

（2）增加逻辑控制模块，用测到的转速数据控制输出的 PWM 信号，实现直流电机的闭环控制，要求旋转速度可设置，转速范围为 10～40 转/s。

（3）了解工业专用直流电机转速控制方式，利用以上原理测速和控制电机，实现闭环控制。要求在允许的转速范围内转矩功率不变。考察转速控制键和光电脉冲的去抖效果。

项目 5　数据采集模块设计

1．实验目的

（1）学习 A/D 转换的基本原理。

（2）掌握 A/D 转换芯片的工作时序与重要参数，能看懂相关芯片资料。

（3）学习使用状态机设计 A/D 转换器采样的控制电路，以 ADS825 和 ADS8505 为例。

2．实验原理

A/D 转换器是模拟信号源与计算机或其他数字系统之间联系的桥梁，它将连续变化的模拟信号转换为数字信号，以便计算机或数字系统进行处理。在工业控制和数据采集及其他许多领域中，A/D 转换器是不可缺少的重要组成部分。在选用 A/D 转换器时，主要根据使用场合的具体要求，按照转换速度、精度、功能以及接口条件等因素，决定选择何种型号的 A/D 转换芯片。

（1）ADS825 的采样控制电路

ADS825 是采用 COMS 工艺的 10 位、采样率 40Msps（每秒采样 40M 次）的高速模数转换器（ADC）。图 4-15 和图 4-16 分别是 ADS825 的引脚图和采样时序图。主要引脚功能如下。

- CLK：时钟信号输入；
- IN、$\overline{\text{IN}}$：模拟信号输入；
- Bit1～Bit10：转换数据输出；
- $\overline{\text{OE}}$：输出使能，低电平有效；
- PD：断电模式，高电平有效；
- $\overline{\text{INT}}$/EXT：参考电压选择，1—外部，0—内部；
- RSEL：输入电压幅度选择；
- REFT、REFB、ByT、ByB：参考电压基准输入。

ADS825 以流水线的工作方式进行工作，它在每一个 CLK 周期都启动一次采样，完成一次采样；每次启动采样是在 CLK 的上升沿进行的，不过采样结果的输出却是在 5 个 CLK 周期后。对于需要设计的采样控制器，可以认为，每加一个采样 CLK 周期，A/D 就会输出一个采样数据。

设计中可以根据其采样时序，用状态机来描述采样控制过程，状态图如图 4-17 所示，ADS825 采样控制代码如例 4-15 所示。

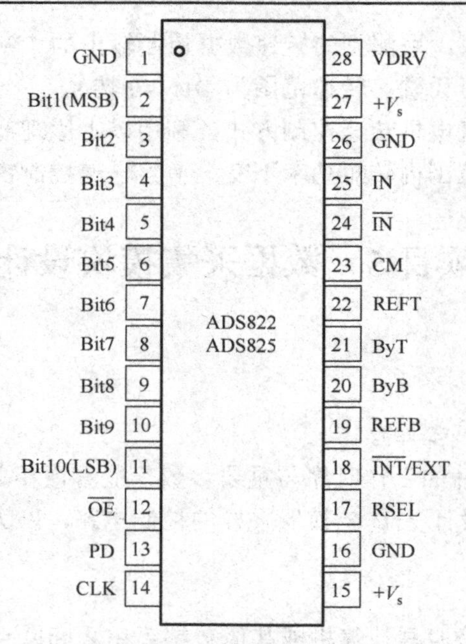

图 4-15　ADS825 引脚图

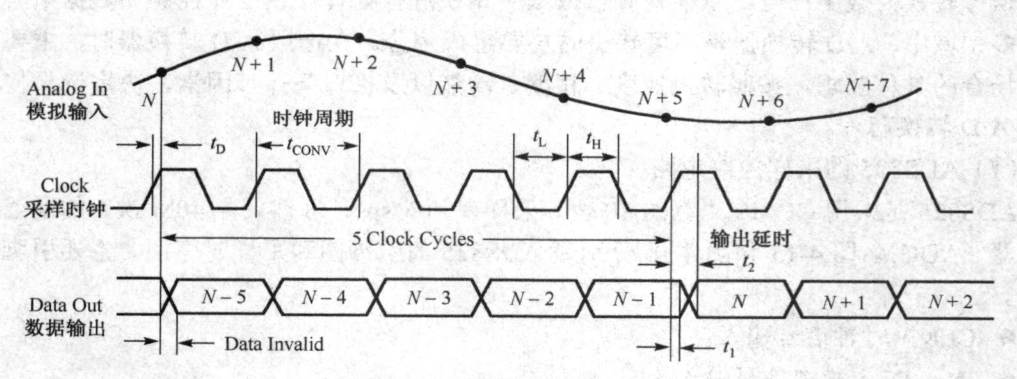

图 4-16　ADS825 采样时序图

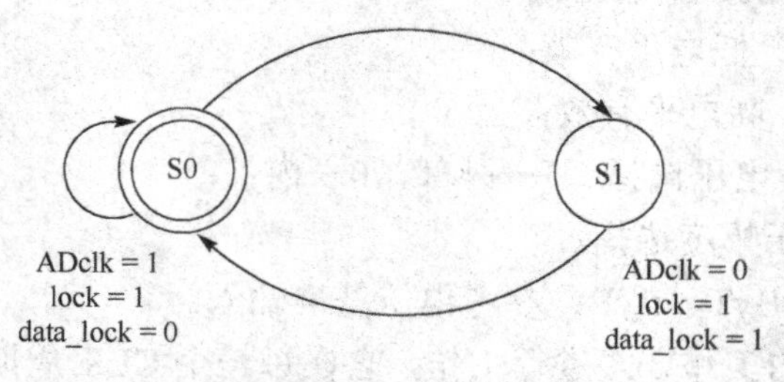

图 4-17　ADS825 采样控制状态图

【例 4-15】 ADS825 采样控制代码。

```
module ads825(clk,rstn,data_in,ADclk,ADOE,data_out,data_lock);
    input clk;                          //采样时钟输入
    input rstn;                         //复位
    input [9:0] data_in;                //10 位 ADC 数据输入
```

```
    output ADclk;                       //到ADS825的CLK
    output ADOE;                        //ADS825的OE（使能）
    output [9:0] data_out;              //10位数据输出
    output data_lock;                   //数据输出锁存信号
    reg ADclk;
    reg ADOE;
    reg [9:0]data_out;
    reg data_lock;
    reg lock;
    reg [1:0]State;
    parameter S0=2'b00,S1=2'b01;   //状态定义
always @(posedge clk or negedge rstn)
begin
     if(!rstn)
       begin State<=S0; ADOE<=1'b1; end
     else
       case(State)
         S0:    begin
                ADclk<=1'b1;
                lock<=1'b1;
                data_lock<=1'b0;
                ADOE<=1'b0;
                State<=S1;
                end
         S1:    begin
                ADclk<=1'b0;
                lock<=1'b0;
                data_lock<=1'b1;
                ADOE<=1'b0;
                State<=S0;
                end
         default: begin
                ADclk<=1'b0;
                lock<=1'b0;
                data_lock<=1'b1;
                ADOE<=1'b1;
                State<=S0;
                end
       endcase
end
always @(posedge lock or negedge rstn)
    if (!rstn) data_out<=0;
    else data_out<=data_in;
endmodule
```

ADS825采样控制电路的仿真结果如图4-18所示。可以看到，系统时钟与送往ADS825

的 ADclk 是二分频的关系。ADS825 的采样时钟频率最高可达 40MHz，因此采样控制电路的系统时钟应工作在 80MHz 才能满足要求。

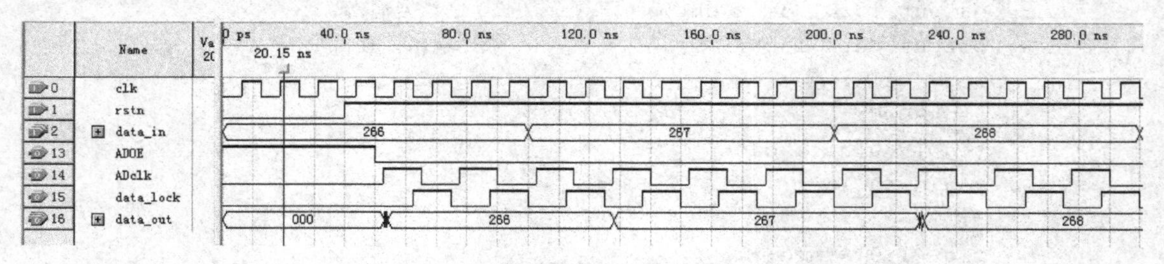

图 4-18　ADS825 的仿真结果

（2）ADS8505 的采样控制电路

ADS8505 是双极性输入、16 位并行输出的 A/D 转换器，采样率最高可达 250ksps。ADS8505 的控制是通过对片选信号 $\overline{CS}$、启动信号 $R/\overline{C}$ 以及对状态信号 $\overline{BUSY}$ 的查询来实现的。ADS8505 的引脚图如图 4-19 所示，控制信号及操作列表如表 4-5 所示。

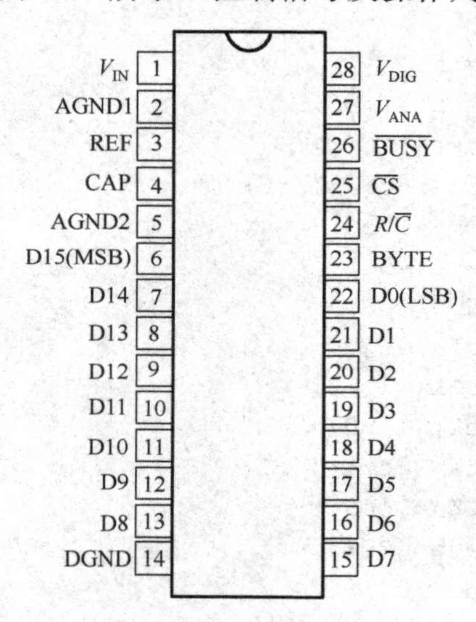

图 4-19　ADS8505 引脚图

表 4-5　ADS8505 控制信号及操作列表

$\overline{CS}$	$R/\overline{C}$	$\overline{BUSY}$	操作
1	×	×	无，数据总线为高阻态
↓	0	1	启动 A/D 转换，保持高阻态
0	↓	1	启动 A/D 转换，进入高阻态
0	1	↑	A/D 转换结束，有效数据输出
↓	1	1	有效数据输出
↓	1	0	上次数据有效，本次转换进行中
0	↑	0	上次数据有效，本次转换进行中
0	0	↑	数据无效
×	↓	0	转换中止，A/D 复位

我们采用比较简单的时序，即使片选一直有效，$\overline{CS}=0$，只需控制 $R/\overline{C}$ 和 $\overline{BUSY}$ 即可，时序图如图 4-20 所示。

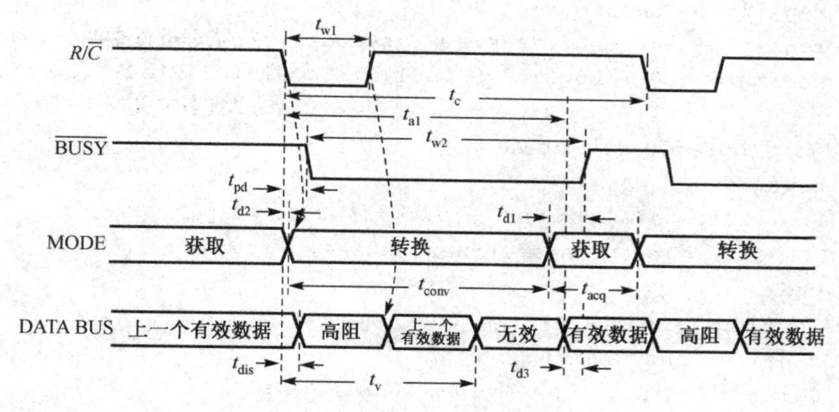

图 4-20　ADS8505 时序图（$\overline{CS}=0$）

用状态机来描述 ADS8505 的采样控制过程，状态图如图 4-21 所示。片选一直有效，即 $\overline{CS}=0$。状态 S0 初始化，先将 $R/\overline{C}$ 拉高，将 lock 拉低。状态 S1 将 $R/\overline{C}$ 和 $\overline{BUSY}$ 都拉低，启动一次 A/D 转换。状态 S2 延时，由时序图 4-20，将两条控制线都拉低后必须要保持一定的时间 t_{w1}，根据 ADS8505 芯片手册，t_{w1} 取值为 40～1250ns，本设计系统时钟取 2MHz，时钟周期 500ns 正好满足 40～1250ns，因此我们在状态机中插入一延时状态，对控制信号不做改变，延时 500ns 后直接进入下一状态 S3。状态 S3 将 $R/\overline{C}$ 拉高，通过读 $\overline{BUSY}$ 的值来判断 A/D 转换是否结束，若 $\overline{BUSY}$ 为 1，表示数据转换结束，进入状态 S4；若为 0，表示 A/D 转换没结束，保持状态 S3。状态 S4 将 lock 拉高，在 lock 上升沿时读出 ADS8505 转换的数据。ADS8505 采样控制代码如例 4-16 所示。

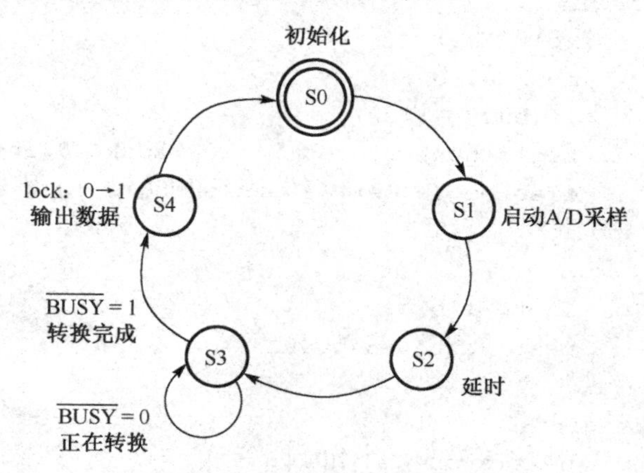

图 4-21　ADS8505 采样控制状态图

【例 4-16】 ADS8505 采样控制代码。

```
module ads8505(clk,busy,rstn,data_in,data_out,rc,lock);
    input   clk,rstn,busy;                       //busy: ADS8505 控制信号 BUSY
    input   [15:0] data_in;                      //16 位 ADC 数据输入
    output  [15:0] data_out;                     //10 位数据输出
```

```
    output  rc,lock;    //rc:ADS8505 控制信号 R/C̄；lock: 数据输出锁存信号
    reg rc,lock;
    reg [15:0] data_out;
    reg [2:0] current_state,next_state;    //状态机寄存器
    parameter S0=3'b000,S1=3'b001,S2=3'b010,S3=3'b011,S4=3'b100;
                                            //状态定义
always @(posedge clk or negedge rstn)
    begin
        if(!rstn)  current_state<=3'b000;
        else current_state<=next_state;
    end
always @(current_state)
    case(current_state)
    S0:     begin
                rc<=1'b1;
                lock<=1'b0;
                next_state<=3'b001;
            end
    S1:     begin
                rc<=1'b0;
                lock<=1'b0;
                next_state<=3'b010;
            end
    S2:     begin
                next_state<=3'b011;
            end
    S3:     begin
                rc<=1'b1;
                lock<=1'b0;
                if(busy==1'b1)
                begin next_state<=3'b100;lock<=0;end
                else begin next_state<=3'b011;lock<=1'b0;end
            end
    S4:     begin
                lock<=1'b1;
                next_state<=3'b000;
            end
    default:begin
                next_state<=3'b000;
                rc<=1'b1;
                lock<=1'b0;
            end
    endcase
always @(posedge lock)          //输出数据
    data_out<=data_in;
endmodule
```

3. 实验内容

（1）完成 ADS825 采样控制电路的设计、仿真。KX_DN3 实验箱上并没有提供 80MHz 及以上的时钟，增加一个嵌入式锁相环模块，再完成完整的电路设计。

（2）完成 ADS8505 采样控制电路的设计、仿真。

项目 6　通用异步收发器设计

1. 实验目的

（1）掌握通用异步收发器（UART）数据传输的基本原理。

（2）学习使用状态机设计一个通用异步收发器。

2. 实验原理

（1）UART 数据传输原理

UART 是通用异步收发器（Universal Asynchronous Receiver Transmitter）的简称，它是一种应用广泛的短距离串行传输接口，常用于短距离、低速、低成本的通信中。基本的 UART 通信只需要 TXD、RXD 两条信号线就可以完成数据的互相通信，发送与接收是全双工模式。其中，TXD 是 UART 发送端，为输出；RXD 是 UART 接收端，为输入。TXD、RXD 上的电平不是普通的 TTL 5V 电平，而是 RS232 的接口电平。

在信号线上有逻辑 1（高电平）和逻辑 0（低电平）两种状态，发送器空闲时，数据线应保持在高电平状态。在串行通信中，数据是按位进行传送的，波特率是每秒传送数据位的数目，用于说明数据传送的快慢。如波特率 9600bps（位/秒）即一秒钟传送 9600 位数据，一个信息位所需要的时间为 $1/9600=104\times10^{-6}$s，也就是说每隔 104μs 发送一位数据。发送的数据要符合串行数据的格式，基本 UART 帧格式如图 4-22 所示。

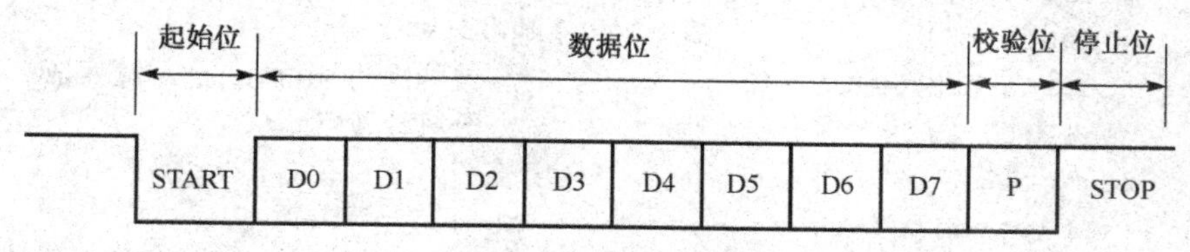

图 4-22　基本 UART 帧格式

首先发送低电平起始位，接着 D0～D7 发送 8 位数据，然后发送校验位和高电平停止位。校验位用来判断接收数据位有无错误，一般是奇偶校验，在使用中该位常常取消。

（2）通用异步收发器设计

基于 FPGA 的 UART 系统由 3 个子模块构成，即波特率发生器、发送模块和接收模块，系统框图如图 4-23 所示。

由系统时钟产生一个 16 倍于波特率的频率，这样就把一位的数据分成 16 份了。为了确保数据的可靠性，在每位数据的中点进行采样。UART 接收的帧时序图如图 4-24 所示。下面对 3 个子模块分别进行详细介绍，最后完成了顶层模块设计。

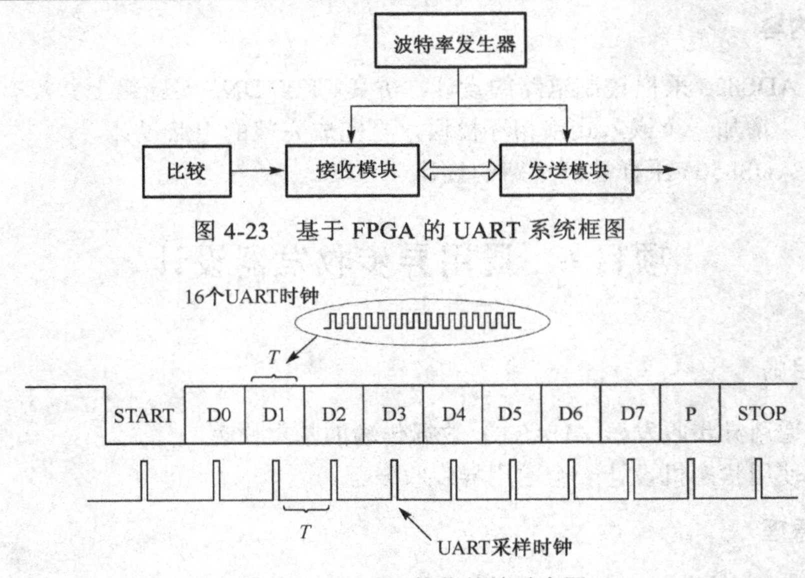

图 4-23　基于 FPGA 的 UART 系统框图

图 4-24　UART 接收的帧时序图

① 波特率发生器

波特率发生器实际上是一个分频器，根据给定的系统时钟和要求的波特率算出波特率分频因子，作为分频器的分频系数。本例系统时钟取 20MHz，波特率为 9600，产生的波特率基准时钟（bclk）频率为 9600×16=153 600Hz，分频系数为：$\frac{1/153\,600}{1/(20\times10^6)}=130.2$，分频系数取整数 130。波特率分频因子可以根据不同的应用需要修改。波特率发生器的 Verilog HDL 描述如例 4-17 所示。

【例 4-17】 波特率发生器的 Verilog HDL 描述。

```
module baud(clk,rst_n,bclk);
    input clk,rst_n;    //clk：20MHz 主时钟；rst_n：低电平有效复位信号
    output bclk;        //输出波特率基准时钟
    'define BPS_PARA 130            //波特率为 9600 时的分频系数
    reg[7:0] cnt;                   //分频计数器
    reg bclk;
always @(posedge clk or negedge rst_n)
    if(!rst_n) cnt <= 0;                          //波特率计数清零
    else if(cnt == `BPS_PARA)
        begin cnt <= 0;bclk<=1; end
        else begin cnt <= cnt+1;   bclk<=0; end   //波特率时钟计数启动
endmodule
```

② UART 接收模块

由于串行数据和接收时钟是异步的，由逻辑 1 转为逻辑 0 可以看成是一个数据帧的起始位。为了避免毛刺影响，得到正确的起始位信号，要求至少 8 个连续的波特率基准时钟（bclk）周期的采样值为 0，才认为是起始位。接着数据位和校验位每隔 16 个 bclk 周期被采样一次。如果起始位的确是 16 个 bclk 周期，那么接下来的数据将在每位的中点处被采

样。图 4-25 所示为 UART 接收状态机的状态图，一共有 5 个状态：R_START（等待起始位）、R_CENTER（求中点）、R_WAIT（等待采样）、R_SAMPLE（采样）和 R_STOP（停止位接收）。

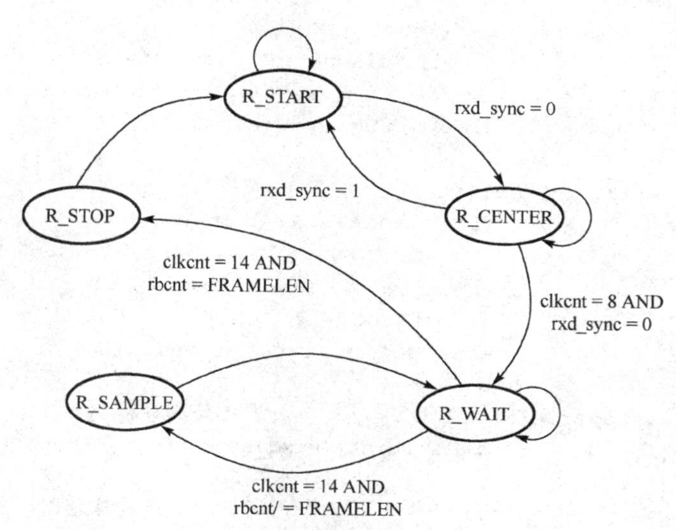

图 4-25 UART 接收状态机状态图

在 R_WAIT 状态，等待计满 15 个 bclk，在第 16 个 bclk 时进入 R_SAMPLE 状态进行数据位采样检测。当采样的数据位长度已达到数据帧长度（FRAMELEN）时，说明停止位将来临。本设计中 FRAMELEN 设为 8，即对应的 UART 工作在 8 位数据位，无校验位格式。设计时对不同的帧格式，FRAMELEN 是可以修改的。状态机在 R_STOP 状态时不具体检测 RXD，只是输出帧接收完毕信号（R_READY≤1），停止位后状态机将回到 R_START 状态，等待下一帧的起始位。

【例 4-18】 UART 接收模块的 Verilog HDL 描述。

```
module uart_rx(bclk,rst_n,rxdr,r_ready,rbuf);
    input bclk,rst_n,rxdr;        //rxdr：接收信号端
    output r_ready;               //一帧数据接收完毕标志位
    output [7:0] rbuf;            //并行数据输出
    'define FRAMELEN 8            //数据帧长度为 8，无校验位
    parameter r_start=0,r_center=1,r_wait=2,r_sample=3,r_stop=4;//状态定义
    reg[2:0] state;
    reg r_ready;
    reg [7:0] rbuf,rbufs;
    reg [3:0] clkcnt;             //基准波特率时钟计数器
    reg [3:0] rbcnt;              //接收数据位计数器
    wire rxd_sync;
always @(posedge bclk or negedge rst_n)
    if (!rst_n)                   //复位
        begin state<=r_start; clkcnt<=0; end
    else begin
        case (state)
        r_start: begin            //等待起始位
```

```
                  if (!rxd_sync) begin state<=r_center;r_ready<=0;rbcnt<=0; end
                  else begin state<=r_start;r_ready<=0;end
                end
      r_center:   begin               //求出每位的中点
                  if (!rxd_sync)
                      if (clkcnt==8) begin state<=r_wait;clkcnt<=0; end
                      else begin state<=r_center;clkcnt<=clkcnt+1;end
                  else state<=r_start;
                end
      r_wait:     begin               //等待状态
                  if (clkcnt>=14) begin
                      if (rbcnt==`FRAMELEN) state<=r_stop;
                      else state<=r_sample;
                      clkcnt<=0; end
                  else begin state<=r_wait;clkcnt<=clkcnt+1; end
                end
      r_sample:   begin               //数据位采样检测
                  rbufs[rbcnt]<=rxd_sync;rbcnt<=rbcnt+1;state<=r_wait;
                end
      r_stop:     begin               //输出帧接收完毕信号
                  r_ready<=1;rbuf<=rbufs;state<=r_start;
                end
      default: begin state<=r_start; clkcnt<=0; end
      endcase
    end
  assign rxd_sync=rxdr;
  endmodule
```

③ UART 发送模块

发送模块只需要每隔 16 个 bclk 周期输出一位数据即可。图 4-26 所示为发送状态机的状态图，一共有 5 个状态：T_IDLE（空闲）、T_START（起始位）、T_WAIT（移位等待）、T_SHIFT（移位）和 T_STOP（停止位）。

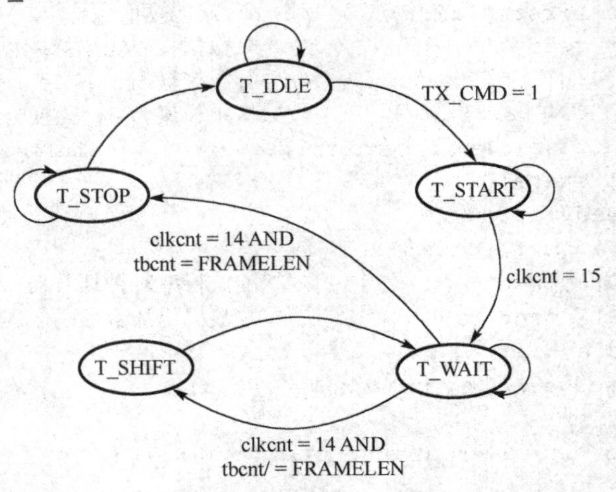

图 4-26 UART 发送状态机的状态图

复位后，状态机进入 T_IDLE 状态。在这个状态下，发送状态机等待一个数据发送命令 TX_CMD，如果 TX_CMD=1，状态机进入 T_START 状态，准备发送 16 个 bclk 周期的低电平，即一位起始位。接着状态机进入 T_WAIT 状态，它与接收状态机中的 R_WAIT 状态类似，等待计满 15 个 bclk，在第 16 个 bclk 时进入 T_SHIFT 状态，进行待发数据的并串转换。转换完成后立即回到 T_WAIT 状态。当一帧数据发送完毕后，进入 T_STOP 状态，发送 16 个 bclk 周期的高电平，即一位停止位。状态机发送完停止位后回到 T_IDLE 状态，等待下一帧数据的发送。

【例 4-19】 UART 发送模块的 Verilog HDL 描述。

```
module uart_tx(bclk,rst_n,tx_cmd,tbuf,txd,txd_done);
    input bclk,rst_n,tx_cmd;          //tx_cmd：数据帧发送命令
    input [7:0] tbuf;                 //待发送数据
    output txd,txd_done;              //发送信号端
    output txd_done;                  //一帧数据发送完毕标志位
    `define FRAMELEN 8                //数据帧长度为 8，无校验位
    parameter t_idle=0,t_start=1,t_wait=2,t_shift=3,t_stop=4;  //状态定义
    reg[2:0] state;
    reg txd,txd_done;
    reg [3:0] clkcnt;                 //基准波特率时钟计数器
    reg [3:0] tbcnt;                  //发送数据位计数器
    wire rxd_sync;
always @(posedge bclk or negedge rst_n)
    if (!rst_n)                       //复位
        begin state<=t_idle; txd_done<=0;txd<=1; end
    else begin
        case (state)
        t_idle:     begin                      //等待数据帧发送命令
                    if (tx_cmd) begin state<=t_start;txd_done<=0; end
                    else state<=t_idle;
                    end
        t_start:    begin                      //发送起始位
                        if (clkcnt>=15) begin state<=t_wait;clkcnt<=0; end
                        else begin state<=t_start;clkcnt<=clkcnt+1;txd<=0; end
                    end
        t_wait:     begin                      //等待状态
                        if (clkcnt>=14) begin
                            if (tbcnt==`FRAMELEN) begin state<=t_stop;tbcnt<=0; end
                            else state<=t_shift;
                            clkcnt<=0; end
                        else begin state<=t_wait;clkcnt<=clkcnt+1; end
                    end
        t_shift:    begin                      //将待发送数据进行并串转换
                        txd<=tbuf[tbcnt];tbcnt<=tbcnt+1;state<=t_wait;
                    end
```

```
          t_stop:    begin                    //发送停止位
                          if (clkcnt>=15) begin
                              if(!tx_cmd) begin state<=t_idle;clkcnt<=0; end
                              else state<=t_stop;
                              txd_done<=1; end
                          else begin clkcnt<=clkcnt+1;txd<=1;state<=t_stop; end
                       end
          default: state<=t_idle;
          endcase
       end
    endmodule
```

④ 顶层模块

通用异步收发器顶层设计电路图如图 4-27 所示。

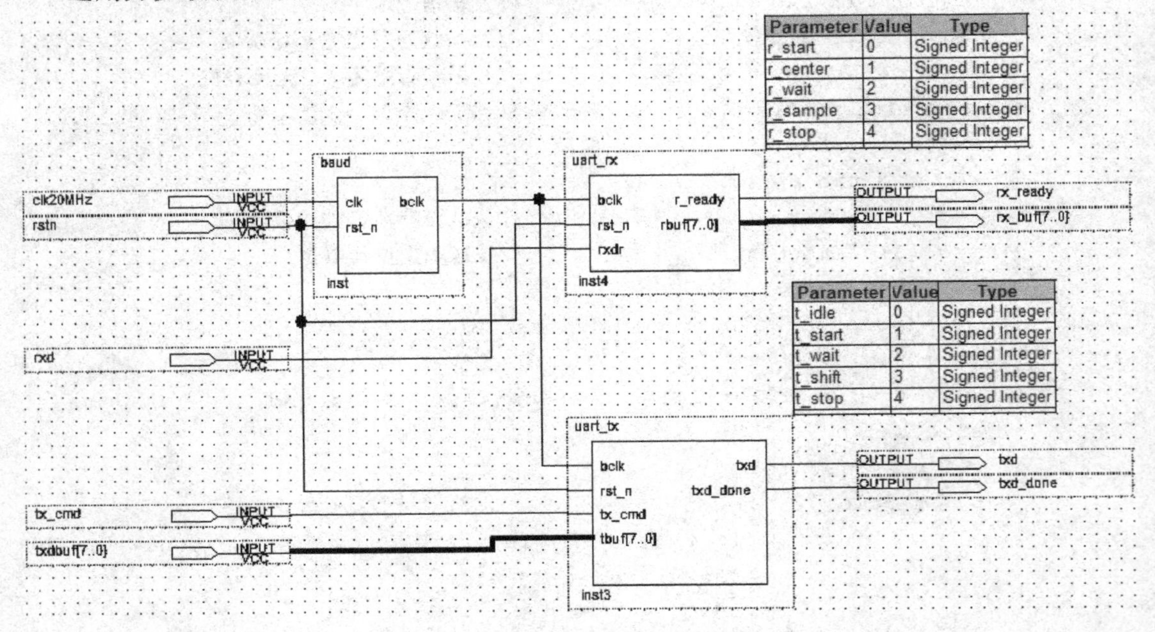

图 4-27　UART 收发器顶层设计电路图

UART 发送模块将准备输出的并行数据按照 UART 帧格式转为 TXD 信号串行输出。UART 接收模块接收 RXD 串行信号，并将其转换为并行数据。波特率发生器产生一个远高于波特率的基准时钟（bclk）对输入 RXD 不断采样，使接收模块与发送模块保持同步。

3．实验内容

（1）完成图 4-27 所示 UART 收发器所有模块的定制、设计，并分别进行仿真。完成已有设计的硬件验证，将 RS232 通信线的一端接 DN3 实验箱，另一端接计算机的串口（COM1 口）。

（2）将串口通信的波特率分别改为 2400、4800 和 19 200bps，再做测试验证。

（3）如果要使用奇偶校验位，应如何修改代码？请实现并验证之。

项目 7　数字相位调制解调模块设计

1．实验目的

（1）掌握多进制数字相位调制和解调的基本原理。

（2）学习使用 FPGA 设计 QPSK 调制、解调模块。

2．实验原理

（1）数字相位调制解调原理

多进制相移键控（MPSK，Multiple Phase Shift Keying）调制技术又称为多进制数字相位调制技术，它是一类性能优良的调制方式。在数字通信的 3 种调制方式（ASK、FSK 和 PSK）中，就频带利用率和抗噪声性能两方面来看，理论上都是 MPSK 系统最佳，M 值越大，频率利用率就越高。这种调制方式已经在中、高速数据传输中得到了广泛应用。

MPSK 利用具有多个相位状态的正弦波来代表多组二进制信息码元，即用载波的一个相位对应于一组二进制信息码元。如果载波有 2^k 个相位，它可以代表 k 位二进制码元的不同码组。在 MPSK 信号中，载波相位可取 M 个可能值：$\theta_n = \dfrac{n2\pi}{M}(n = 0, 1, 2, \cdots, M-1)$。因此，MPSK 信号可表示为：

$$u_{\text{MPSK}}(t) = A\cos(\omega_0 t + \theta_n) = A\cos\left(\omega_0 t + \frac{n2\pi}{M}\right)$$

假定载波频率 ω_0 是基带数字信号速率的整数倍 $\omega_{\text{s}} = 2\pi / T_{\text{s}}$，则改写为：

$$\begin{aligned} u_{\text{MPSK}}(t) &= A\sum_{n=-\infty}^{\infty} g(t - nT_{\text{s}})\cos(\omega_0 t + \theta_n) \\ &= A\cos\omega_0 t\sum_{n=-\infty}^{\infty}(\cos\theta_n)g(t - nT_{\text{s}}) - A\sin\omega_0 t\sum_{n=-\infty}^{\infty}(\sin\theta_n)g(t - nT_{\text{s}}) \end{aligned}$$

此式表明，MPSK 信号可等效为两个正交载波进行多电平双边带调幅所得已调波之和。

QPSK（即 4PSK）是 MPSK 中应用最广泛的一种调制方式，它有 00、01、10、11 这 4 种状态。所以对输入的二进制序列，首先必须分组，每两位码元一组。然后根据组合情况，用载波的 4 种相位表征它们。QPSK 实际上是两路正交双边带信号，可由图 4-28 所示的方法产生。串行输入的二进制码，两位分成一组，前一位用 A 表示，后一位用 B 表示。经串/并变换后变成宽度加倍的并行码（A、B 码元在时间上是对齐的）。再分别进行极性变换，把单极性码变成双极性码，然后与载波相乘，形成正交的双边带信号，最后经加法器输出形成 QPSK 信号。

QPSK 信号的解调采用相干解调法，用两个正交的相干载波分别检测 A 和 B 两个分量，然后还原成串行二进制数字信号，即可完成 QPSK 信号的解调。解调过程如图 4-29 所示。

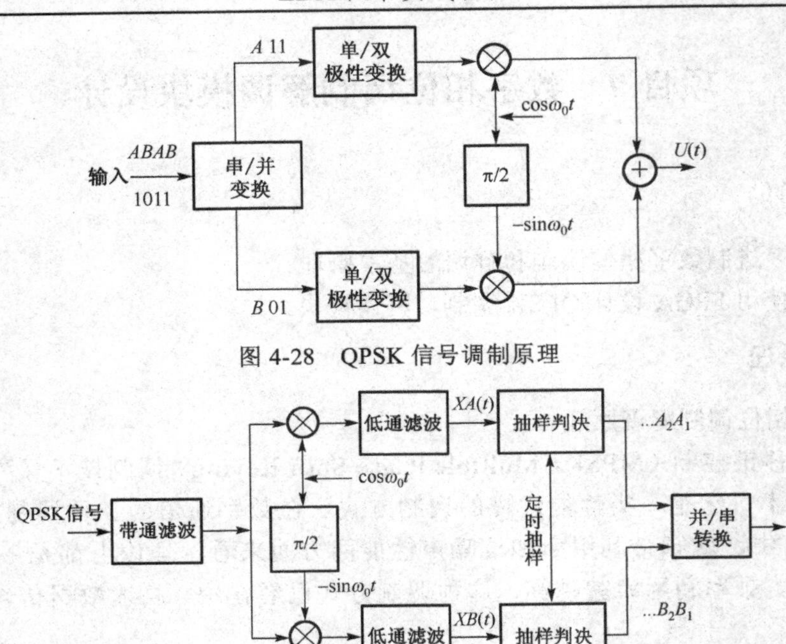

图 4-28 QPSK 信号调制原理

图 4-29 QPSK 信号解调原理

（2）QPSK 调制解调模块设计

使用 FPGA 方法实现 QPSK 调制，QPSK 调制信号说明如表 4-6 所示。

表 4-6 调制信号说明

输入信号	载波相位	载波波形
00	0°	
01	90°	
10	180°	
11	270°	

QPSK 调制框图如图 4-30 所示，基带信号通过串/并转换器得到两位并行信号，四选一开关根据该数据选择载波对应的相位进行输出，即得到调制信号。

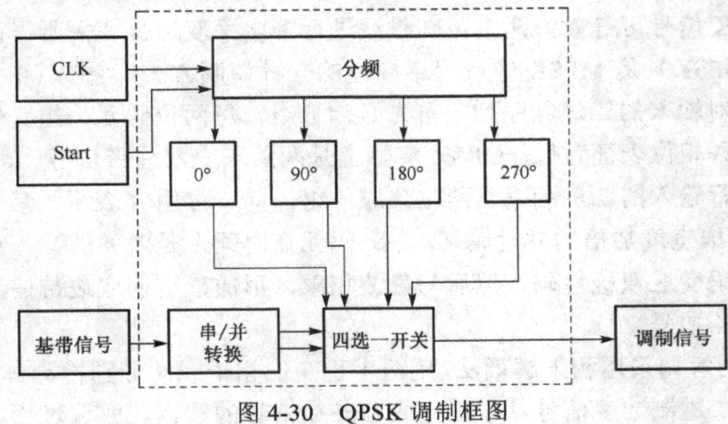

图 4-30 QPSK 调制框图

QPSK 调制模块代码如例 4-20 所示，系统时钟 clk 频率为输入信号 x 频率的 4 倍。

【例 4-20】 QPSK 调制模块的 Verilog HDL 描述。

```
module qpsk_mod(clk,rstn,start,x,y);
    input clk;                                    //系统时钟
    input rstn;                                   //复位信号，低电平有效
    input start;                                  //开始调制信号，高电平有效
    input x;                                      //基带信号
    output y;                                     //调制信号
    reg [2:0] cnt;
    reg[1:0] xd,yd;                               //输入输出信号寄存器
    reg [3:0] carriers;                           //4 种载波
always @(posedge clk)                             //模 4 计数器，实现对时钟的分频
    if (!rstn) cnt<=0;
    else if (!start) cnt<=0;
        else cnt<=cnt+1;
always @(posedge clk)
    if (!rstn) xd<=0;
    else if (cnt[1:0]==3) xd<={xd[0],x};         //串/并转换
always @(posedge clk)                             //产生载波信号
    if (!rstn) carriers<=0;
    else case(cnt)
            3'b000: begin  yd<=xd; carriers<=4'b1100; end
            3'b010: carriers<=4'b1001;
            3'b100: carriers<=4'b0011;
            3'b110: carriers<=4'b0110;
            default: carriers<=carriers;
        endcase
assign   y=(yd==0)?carriers[3]:                  //完成调制
            (yd==1)?carriers[2]:
            (yd==2)?carriers[1]:
            (yd==3)?carriers[0]:0;
endmodule
```

QPSK 调制模块的仿真结果如图 4-31 所示。可以看到输出信号 y 比输入信号 x 延迟 8 个时钟周期，这是由模块中的寄存器延时造成的。

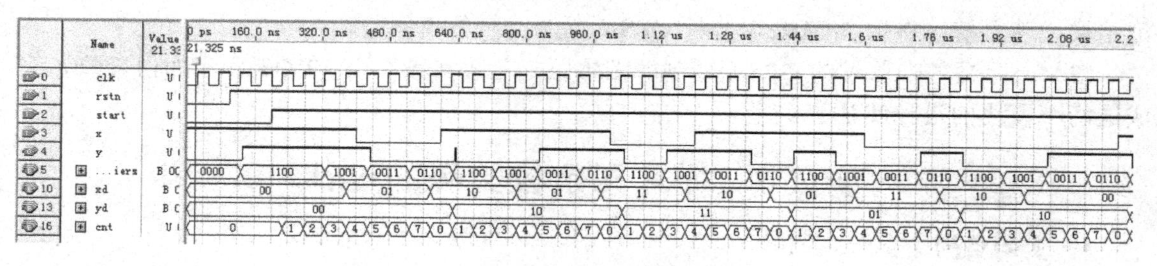

图 4-31　QPSK 调制模块的仿真结果

QPSK 解调模块代码如例 4-21 所示。

【例 4-21】 QPSK 解调模块的 Verilog HDL 描述。

```
module qpsk_demod(clk,rstn,start,x,y);
    input clk,rstn,start,x;
    output y;
    reg [7:0] tmp,tmp2;
    reg [2:0] cnt;
    wire [1:0] yd;
always @(posedge clk)
    if (!rstn) cnt<=7;
    else if (!start) cnt<=7;
    else begin
            cnt<=cnt+1;
            if (cnt==7) tmp<=tmp2;
            tmp2<={tmp2[6:0],x};
        end
assign yd=((rstn==0)|(start==0))? 2'b00:
            (tmp==8'b11110000)?2'b00:
            (tmp==8'b11000011)?2'b01:
            (tmp==8'b00001111)?2'b10:
            (tmp==8'b00111100)?2'b11:2'b00;
assign y=(cnt[2]==0)?yd[1]:yd[0];
endmodule
```

QPSK 解调模块的仿真结果如图 4-32 所示。和 QPSK 调制模块一样，解调模块的输出信号也比输入信号延迟了 8 个时钟周期。

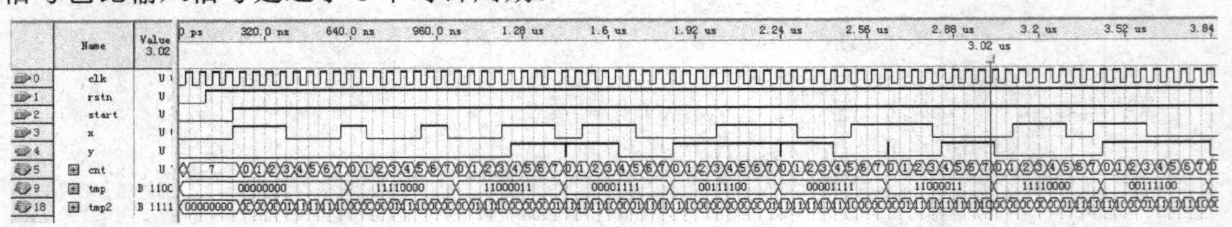

图 4-32 QPSK 解调模块的仿真结果

3. 实验内容

（1）分别完成例 4-20、例 4-21 中 QPSK 调制、解调模块的设计，并分别进行仿真，验证结果。若系统时钟取 20MHz，分析 QPSK 调制符号的速率。

（2）上面是基带信号的 QPSK 调制解调电路，若载波频率为 70MHz，应如何修改？完成这两个模块的设计和仿真。

项目 8 循环冗余校验码的设计

1. 实验目的

（1）掌握循环冗余校验码的编码方法和检错原理。

（2）学习使用 FPGA 设计循环冗余校验码编码和译码模块。

2．实验原理

（1）循环冗余校验码原理

在数字通信中，由于传输距离、现场状况、干扰等诸多因素的影响，设备之间的通信数据常常会发生一些无法预测的错误。为了降低错误的影响，在通信时常采用数据校验的方法。循环冗余校验码（CRC，Cyclic Redundancy Check）是一种常用的校验方法，它具有很强的检错能力，同时实现起来也比较简单。

CRC 校验的基本原理是利用线性编码理论，根据要发送的 n 位二进制数据比特序列（信息码），在发送端以一定规则产生一个用于校验的 k 位的校验码（CRC 码），并附在信息码之后，构成一个新的数据比特序列（共 $n+k$ 位，发送码），然后将其发送出去（格式如图 4-33 所示）；在接收端，根据信息码和 CRC 码所遵循的规则进行检验，以确定传送中是否出错。

n位信息码	k位校验码

图 4-33　CRC 码格式

在发送端，将要发送的数据比特序列作为一个多项式 $T(x)$ 的系数。若多项式 $T(x)=x^5+x^4+x+1$，则对应的多项式系数为 110011。选定一个 k 次幂的生成多项式 $G(x)$，用 x^k 乘 $T(x)$，得到 $T(x)x^k$。对于二进制乘法，$T(x)x^k$ 意味着将 $T(x)$ 对应的发送数据比特序列左移 k 位。然后用 $G(x)$ 去除 $T(x)x^k$，得到一个余数多项式 $R(x)$。将余数多项式附加到数据多项式 $T(x)$ 之后，将该序列作为发送序列送入信道。接收端用同一生成多项式 $G(x)$ 去除接收序列多项式 $\tilde{T}(x)x^k$，若得到的计算余数多项式 $\tilde{R}(x)$ 与发送端余数多项式不同，则表示传输出错，要求发送端重发，直至正确为止。CRC 校验中的多项式除法是模 2 除法，即加法不进位，减法不借位，它是一种按位异或操作。生成多项式 $G(x)$ 是经过严格的数学分析和实验后确定的，有相应的国际标准。

下面用一个简单的例子来说明 CRC 的编码生成和校验过程。

假设要发送的数据序列为 110011，生成多项式选用 CRC-4，即 $G(x)=x^4+x+1$，k=4，对应的序列为 10011。

① 将发送序列左移 4 位，新序列为 1100110000。

② 按模 2 算法，将生成的新序列除以生成多项式序列，即：

```
           110110
10011/ 1100110000
       10011
       ----------
        10101
        10011
       ----------
          11000
          10011
       ----------
           10110
           10011
       ----------
            1010
```

可得余数多项式比特序列为 1010。

③ 将余数多项式比特序列加到新序列中，可得到带有 CRC 校验码的实际发送比特序列 1100111010。

④ 如果数据在传输过程中没有发生差错，那么接收端收到的带有 CRC 校验码的比特序列一定能够被同一个生成多项式 $G(x)$整除，即：

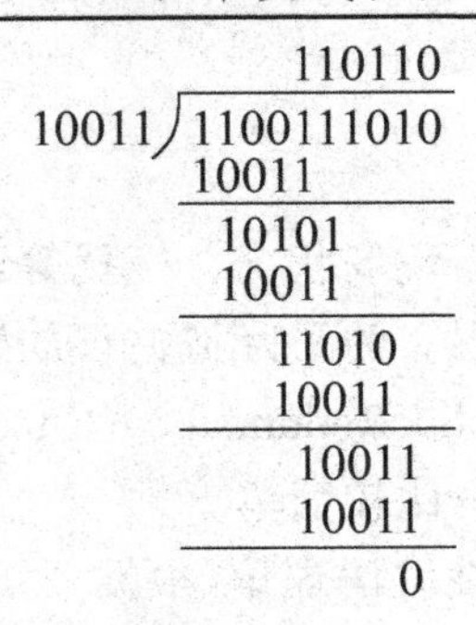

（2）CRC 校验码编码和译码模块设计

本设计完成 6 位信息码加 4 位 CRC 校验码的编码和译码，整个系统由两个功能模块构成，即 CRC 校验码生成模块（编码）和 CRC 校验码检错模块（译码），输入、输出都为并行数据。生成多项式选用 CRC-4，即 $G(x)=x^4+x+1$。其结构图如图 4-34 所示。

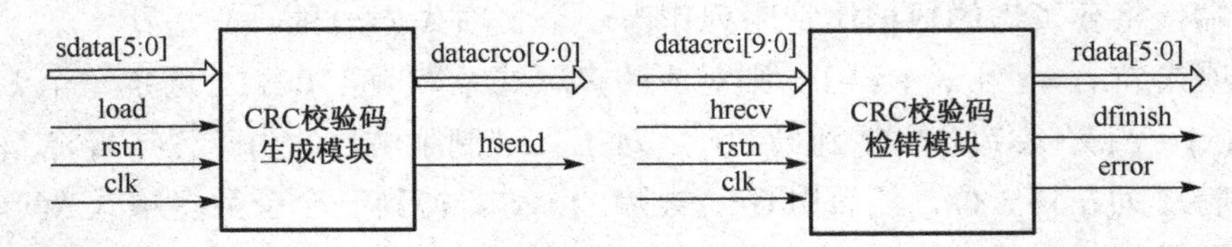

图 4-34 CRC 模块结构图

CRC-4 编码模块代码如例 4-22 所示。

【例 4-22】 CRC-4 编码模块的 Verilog HDL 描述。

```
module crc4_code(clk,rstn,load,sdata,datacrco,hsend);
    input clk,rstn;                //时钟和复位信号
    input load;                    //数据装载信号
    input [5:0] sdata;             //6 位信息码输入
    output [9:0] datacrco;         //10 位发送数据输出：6 位信息码+4 位校验码
    output hsend;                  //握手信号输出
    reg [9:0] dtemp;               //发送寄存器
    reg [9:0] datacrco;
    reg hsend;
    parameter gx=5'b10011;         //CRC-4, G(x) = x^4 + x + 1
always @(posedge clk or negedge rstn)
    if (!rstn)                     //复位
        begin hsend=0; datacrco=0; end
    else if (load)                 //CRC 编码
        begin
        dtemp={sdata,4'b0000};
        if (dtemp[9]) dtemp[9:5]=dtemp[9:5]^gx;
        if (dtemp[8]) dtemp[8:4]=dtemp[8:4]^gx;
        if (dtemp[7]) dtemp[7:3]=dtemp[7:3]^gx;
        if (dtemp[6]) dtemp[6:2]=dtemp[6:2]^gx;
        if (dtemp[5]) dtemp[5:1]=dtemp[5:1]^gx;
        if (dtemp[4]) dtemp[4:0]=dtemp[4:0]^gx;
```

```
            datacrco={sdata,dtemp[3:0]};
            hsend=1;                          //编码完成
            end
            else hsend=0;
    endmodule
```

CRC-4 编码模块的仿真结果如图 4-35 所示。可以根据 CRC 编码规则进行验证，即信息码为 110011，CRC 编码输出为 1100111010；信息码为 111011，CRC 编码输出为 1110110001；信息码为 010101，CRC 编码输出为 0101011010。

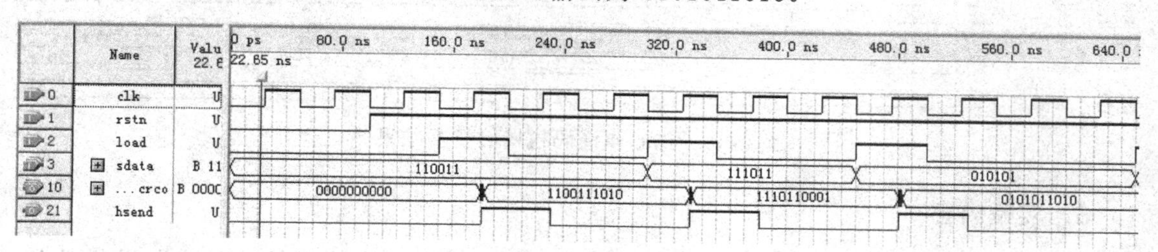

图 4-35 CRC-4 编码模块仿真结果

CRC-4 译码模块代码如例 4-23 所示。

【例 4-23】 CRC-4 译码模块的 Verilog HDL 描述。

```
  module crc4_decode(clk,rstn,hrecv,datacrci,rdata,dfinish,error);
      input clk,rstn;                       //时钟和复位信号
      input hrecv;                          //握手信号输入
      input [9:0] datacrci;                 //接收到的 10 位 CRC 码输入
      output [5:0] rdata;                   //6 位信息码输出
      output dfinish;                       //数据接收完毕
      output error;                         //数据接收错误
      reg [9:0] rdtemp,rdatacrc;            //接收寄存器
      reg [5:0] rdata;
      reg dfinish,error;
      parameter gx=5'b10011;                //CRC-4, G(x) = x^4 + x + 1
  always @(posedge clk or negedge rstn)
      if (!rstn)                            //复位
          begin rdata=0; dfinish=0; error=0; end
      else if (hrecv)                       //开始接收
          begin
          rdtemp=datacrci;
          if (rdtemp[9]) rdtemp[9:5]=rdtemp[9:5]^gx;
          if (rdtemp[8]) rdtemp[8:4]=rdtemp[8:4]^gx;
          if (rdtemp[7]) rdtemp[7:3]=rdtemp[7:3]^gx;
          if (rdtemp[6]) rdtemp[6:2]=rdtemp[6:2]^gx;
          if (rdtemp[5]) rdtemp[5:1]=rdtemp[5:1]^gx;
          if (rdtemp[4]) rdtemp[4:0]=rdtemp[4:0]^gx;
          if ((rdtemp[4:0]^rdatacrc[4:0])==0)
          begin rdata=datacrci[9:4]; dfinish=1; error=0; end
```

```
                                                //校验正确，输出数据
            else begin rdata=0; dfinish=0; error=1; end //校验错误，输出全零
            end
        else begin dfinish=0; error=0; end
    endmodule
```

CRC-4 译码模块的仿真结果如图 4-36 所示，可以和编码结果相结合进行验证。

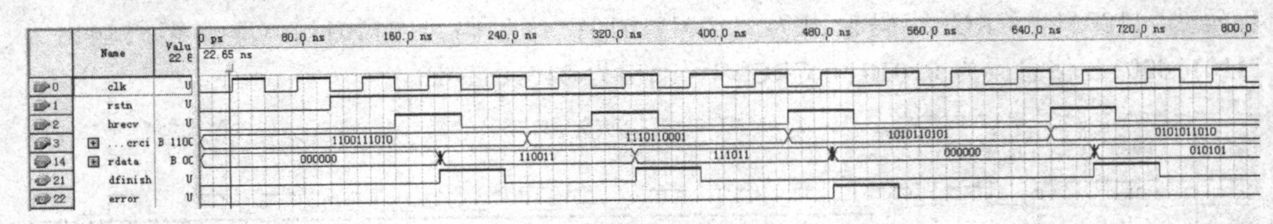

图 4-36　CRC-4 译码模块的仿真结果

3．实验内容

（1）分别完成例 4-22、例 4-23 中 CRC-4 编码、译码模块的设计，并分别进行仿真，验证结果。

（2）如果输入数据、输出 CRC 码都是串行的，CRC-4 编码、译码模块应该如何实现？提示：采用 LFSR。

（3）CRC-16 和 CRC-CCITT 都是国际标准的 CRC 生成多项式，分别被美国和欧洲等国家和地区采用，它们一般用来传送 8 位信息码，其中

CRC-16：　　$G(x)=x^{16}+x^{15}+x^{2}+1$

CRC-CCITT：　　$G(x)=x^{16}+x^{12}+x^{5}+1$

实现用 CRC-16 的 8 位信息码的编码、译码模块。

项目 9　FIR 滤波器设计

1．实验目的

（1）掌握 FIR 滤波器的理论和结构。

（2）学习使用 FPGA 设计 FIR 滤波器。

2．实验原理

数字滤波器的功能一般是用来变换时域或频域中某些要求信号的属性，滤除信号中某一部分频率分量。数字滤波器广泛应用于语音与图像处理、模式识别、雷达信号处理、频谱分析等领域。通过 FPGA 实现数字滤波具有实时性高、处理速度快、精度高的优点，已经在高速滤波器、高速 FFT 设计中得到广泛的应用。

（1）FIR 滤波器的数学模型

有限冲激响应（FIR，Finite Impulse Response）滤波器由有限个采样值组成，在每个采样时刻完成有限个卷积运算，可以将其幅度特性设计成多种多样，同时还可保证精确、严

格的相位特性。在高阶的滤波器中，还可以通过 FFT 来计算卷积，从而极大地提高运算效率。这些优点使 FIR 滤波器得到了广泛的应用。

FIR 滤波器只存在 N 个抽头 $h[n]$，N 也被称为滤波器的阶数，则滤波器的输出可以通过卷积的形式表示为：

$$y[n]=x[n]*h[n]=\sum_{k=0}^{N-1}h[k]x[n-k]$$

通过 Z 变换可以将其方便地表示为：

$$Y(z)=H(z)X(z)$$

$$H(z)=\sum_{i=0}^{N-1}h(i)z^{-i}=\frac{h(0)z^{N}+h(1)z^{N-1}+\cdots+h(N-1)}{z^{N}}$$

可以看到，FIR 滤波器只在原点处存在极点，这使它具有全局稳定性。FIR 滤波器是由一系列抽头延迟加法器和乘法器构成的，它的一个重要特性是具有线性相位，即系统的相移和频率成正比，可达到无失真传输。

FIR 滤波器可以用方框图的形式方便地表示，图 4-37 所示为其直接形式的方框图。

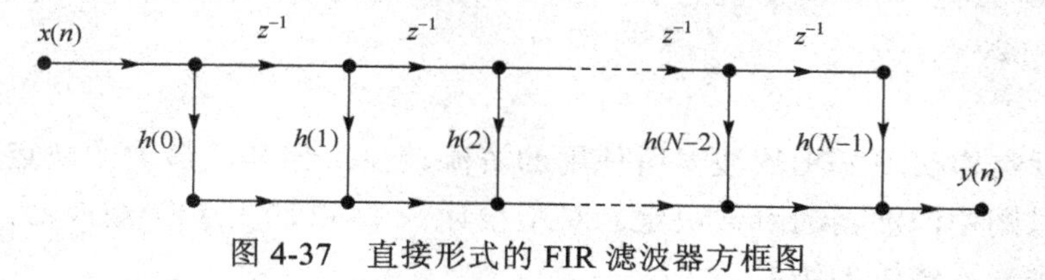

图 4-37　直接形式的 FIR 滤波器方框图

（2）FIR 滤波器的 FPGA 实现

FIR 滤波器的实现方法有很多，最常见的有串行结构和并行结构。

① 直接串行 FIR 滤波器实现

由 FIR 滤波器的实现表达式和图 4-37 可以看到，FIR 滤波器的实质就是一个乘法累加器，乘法累加的次数由滤波器的阶数来决定。用 Verilog HDL 实现一个 8 阶直接串行 FIR 低通滤波器的代码如例 4-24 所示，输入数据位宽为 12。

【例 4-24】 8 阶直接串行 FIR 低通滤波器的 Verilog HDL 描述。

```
module fir(clk,rst_n,fir_in,fir_out);
    parameter IDATA_WIDTH = 12;     //输入数据位宽
    parameter TAP_ORDER = 8;        //FIR 抽头
    parameter OUT_WIDTH = 27;       //输出位宽
//滤波器系数
    parameter cof1 = 12'd41;
    parameter cof2 = 12'd132;
    parameter cof3 = 12'd341;
    parameter cof4 = 12'd510;
    parameter cof5 = 12'd510;
    parameter cof6 = 12'd341;
    parameter cof7 = 12'd132;
```

```
    parameter cof8 = 12'd41;
    input clk, rst_n;
    input [IDATA_WIDTH-1 : 0] fir_in;
    output [OUT_WIDTH-1 : 0] fir_out;
    reg [IDATA_WIDTH-1 : 0] samples[1:TAP_ORDER];
    integer k;
//完成移位功能
always @(posedge clk or negedge rst_n)
   if(!rst_n)
    for(k=1;k<=TAP_ORDER;k=k+1)
     samples[k]<=0;
   else begin
          samples[1]<=fir_in;
          for(k=2;k<=TAP_ORDER;k=k+1)
              samples[k]<=samples[k-1];
   end
//实现乘法累加
assign fir_out=cof1*samples[1]+cof2*samples[2]+cof3*samples[3]+cof4*
    samples[4]+cof5*samples[5]+cof6*samples[6]+cof7*samples[7]+cof8*
    samples[8];
endmodule
```

用直接串行结构实现 FIR 滤波器所使用的资源较少，但是其最大的缺点是速度慢，一次滤波需要的时间由滤波器的阶数决定。对于设计一个 32 阶的 FIR 滤波器，需要 32 个时钟周期才能得到一次滤波的结果。

② 改进串行 FIR 滤波器实现

由于 FIR 滤波器具有对称系数，因此可先进行加法运算，然后把加法运算的结果再进行乘法累加。改进串行 FIR 滤波器结构如图 4-38 所示。

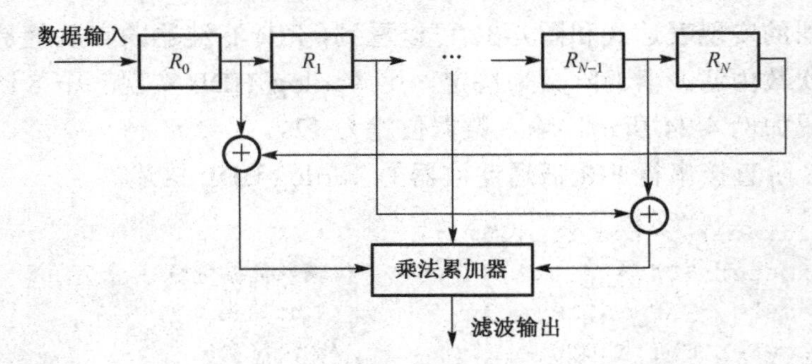

图 4-38 改进串行 FIR 滤波器结构

改进串行 FIR 滤波器虽然比直接串行滤波器多用了 $N/2$ 个加法器，N 为滤波器的阶数，但完成一次滤波所需的时间也减半。8 阶改进串行 FIR 低通滤波器的代码如例 4-25 所示。

【例 4-25】 8 阶改进串行 FIR 低通滤波器的 Verilog HDL 描述。

```
module fir1(clk,rst_n,fir_in,fir_out);
   parameter IDATA_WIDTH = 12;    //输入数据位宽
```

```
    parameter PDATA_WIDTH = 13;     //处理数据位宽
    parameter FIR_TAP = 8;          //FIR 抽头
    parameter FIR_TAPHALF = 4;      //FIR 抽头的一半
    parameter COEFF_WIDTH = 12;     //系数位宽
    parameter OUT_WIDTH = 27;       //输出位宽
    //滤波器系数
    parameter cof1 = 12'd41;
    parameter cof2 = 12'd132;
    parameter cof3 = 12'd341;
    parameter cof4 = 12'd510;
    input clk, rst_n;             //说明：clk 的频率是数据传输速率的 4 倍
    input [IDATA_WIDTH-1 : 0] fir_in;
    output [OUT_WIDTH-1 : 0] fir_out;
    reg [OUT_WIDTH-1 : 0] fir_out;
    reg [IDATA_WIDTH-1 : 0] fir_in_reg;
    reg [PDATA_WIDTH-1 : 0] shift_buf[FIR_TAP-1 : 0];
                                  //定义一个 8 位的移位寄存器
    reg [PDATA_WIDTH-1 : 0] add07;
    reg [PDATA_WIDTH-1 : 0] add16;
    reg [PDATA_WIDTH-1 : 0] add25;
    reg [PDATA_WIDTH-1 : 0] add34;
    reg [COEFF_WIDTH-1 : 0] cof_reg_maca;
    reg [PDATA_WIDTH-1 : 0] add_reg_macb;
    wire [COEFF_WIDTH+PDATA_WIDTH-1 : 0] result;
    reg [OUT_WIDTH-1 : 0] sum;
    reg [2 : 0] count;
    integer i,j;
always @(posedge clk or negedge rst_n)
  if(!rst_n)
    fir_in_reg <= 12'b0000_0000_0000;
  else if(count[2]==1'b1)
      fir_in_reg <= fir_in;
always @(posedge clk or negedge rst_n)
  if(!rst_n)
    for(i=0; i<=FIR_TAP-1;i=i+1)
      shift_buf[i] <= 13'b0000_0000_00000;
  else
    if(count[2]==1'b1) begin
      for(j=0; j<FIR_TAP-1; j=j+1)
        shift_buf[j+1] <= shift_buf[j];
      shift_buf[0] <= {fir_in_reg[IDATA_WIDTH-1], fir_in_reg};
    end
always @(posedge clk or negedge rst_n)
  if(!rst_n) begin
      add07 <= 13'b0000_0000_00000;
      add16 <= 13'b0000_0000_00000;
```

```
        add25 <= 13'b0000_0000_00000;
        add34 <= 13'b0000_0000_00000;
      end
    else if(count[2]==1'b1)  begin
        add07 <= shift_buf[0] + shift_buf[7];
        add16 <= shift_buf[1] + shift_buf[6];
        add25 <= shift_buf[2] + shift_buf[5];
        add34 <= shift_buf[3] + shift_buf[4];
      end
always @(posedge clk or negedge rst_n)
    if(!rst_n)
        count <= 3'b000;
    else if(count==3'b100)
        count <= 3'b000;
      else count <= count + 1'b1;
always @(posedge clk or negedge rst_n)
    if(!rst_n)
      begin
        cof_reg_maca <= 12'b0000_0000_0000;
        add_reg_macb <= 13'b0000_0000_00000;
      end
    else
      case(count)
        3'b000: begin cof_reg_maca <= cof1;add_reg_macb <= add07; end
        3'b001: begin cof_reg_maca <= cof2;add_reg_macb <= add16; end
        3'b010: begin cof_reg_maca <= cof3;add_reg_macb <= add25; end
        3'b011: begin cof_reg_maca <= cof4;add_reg_macb <= add34; end
        default: begin cof_reg_maca <= 12'b0;add_reg_macb <= 13'b0; end
      endcase
//调用 LPM_MULT
mult mult1(.clock(clk),.dataa(cof_reg_maca),.datab(add_reg_macb),.result(result));
wire [OUT_WIDTH-1 : 0] result_out = {{3{result[23]}},result};
always @(posedge clk or negedge rst_n)
    if(!rst_n)
      sum <= 27'b0;
    else if(count==3'b000)
        sum <= 27'b0;
      else sum <= sum + result_out;
always @(posedge clk or negedge rst_n)
    if(!rst_n)
      fir_out <= 27'b0;
    else
      if(count==3'b000)
        fir_out <= sum;
endmodule
```

③ 并行 FIR 滤波器实现

并行 FIR 滤波器结构如图 4-39 所示。

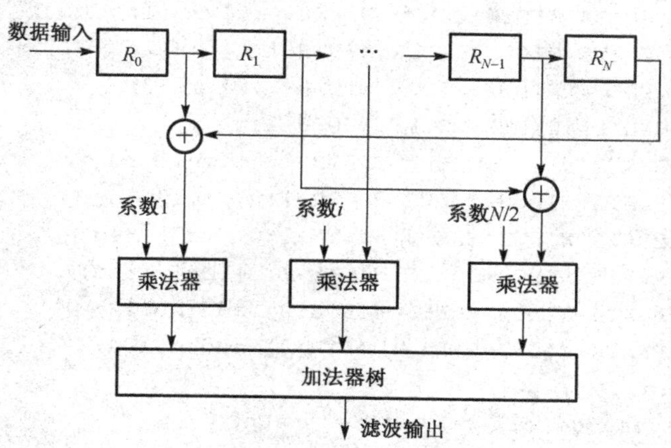

图 4-39　并行 FIR 滤波器结构

并行 FIR 滤波器可以在一个时钟周期内完成一次滤波，但要占用大量的乘法累加器，延迟时间较大，因此工作频率不可能太高。为了提高滤波器的速度，可以在中间加上适当的寄存器，构成流水线结构，这样，滤波器不仅可以工作在更高的频率上，而且，对于速率固定的数据，可以通过多次复用乘法累加器来节省资源。

8 阶并行 FIR 低通滤波器的代码如例 4-26 所示。

【例 4-26】 8 阶并行 FIR 低通滤波器的 Verilog HDL 描述。

```
module fir2(clk,rstn,fir_in,fir_out);
    parameter IDATA_WIDTH=12;
    parameter PDATA_WIDTH=13;
    parameter FIR_TAP=8;
    parameter FIR_TAPHALF=4;
    parameter COEFF_WIDTH=12;
    parameter OUT_WIDTH=27;
    //滤波器系数
    parameter cof1=12'd41;
    parameter cof2=12'd132;
    parameter cof3=12'd341;
    parameter cof4=12'd510;
    input clk;
    input rstn;
    input [IDATA_WIDTH-1:0] fir_in;
    output [OUT_WIDTH-1:0] fir_out;
    reg [OUT_WIDTH-1:0] fir_out;
    reg [IDATA_WIDTH-1:0] fir_in_reg;
    reg [PDATA_WIDTH-1:0] shift_buf[FIR_TAP-1:0];//定义一个 8 位移位寄存器
    reg [PDATA_WIDTH-1:0] add07;
    reg [PDATA_WIDTH-1:0] add16;
```

```
    reg [PDATA_WIDTH-1:0] add25;
    reg [PDATA_WIDTH-1:0] add34;
    wire [PDATA_WIDTH+COEFF_WIDTH-1:0] mul1;
    wire [PDATA_WIDTH+COEFF_WIDTH-1:0] mul2;
    wire [PDATA_WIDTH+COEFF_WIDTH-1:0] mul3;
    wire [PDATA_WIDTH+COEFF_WIDTH-1:0] mul4;
    reg [PDATA_WIDTH+COEFF_WIDTH-1:0] mul1_reg;
    reg [PDATA_WIDTH+COEFF_WIDTH-1:0] mul2_reg;
    reg [PDATA_WIDTH+COEFF_WIDTH-1:0] mul3_reg;
    reg [PDATA_WIDTH+COEFF_WIDTH-1:0] mul4_reg;
    reg [PDATA_WIDTH+COEFF_WIDTH:0] add_mul12;
    reg [PDATA_WIDTH+COEFF_WIDTH:0] add_mul34;
    integer i,j;
always @(posedge clk or negedge rstn)
    if(!rstn)   fir_in_reg<=12'h0;
    else             fir_in_reg<=fir_in;
always @(posedge clk or negedge rstn)
    if(!rstn)
        for(i=0;i<=FIR_TAP-1;i=i+1)
            shift_buf[i]<=13'h0;
    else begin
            for(j=0;j<FIR_TAP-1;j=j+1)
                shift_buf[j+1]<=shift_buf[j];
            shift_buf[0]<={fir_in_reg[IDATA_WIDTH-1],fir_in_reg};
         end
always @(posedge clk or negedge rstn)
    if(!rstn) begin
                add07<=13'h0;
                add16<=13'h0;
                add25<=13'h0;
                add34<=13'h0;
              end
    else begin
           add07<=shift_buf[0]+shift_buf[7];
           add16<=shift_buf[1]+shift_buf[6];
           add25<=shift_buf[2]+shift_buf[5];
           add34<=shift_buf[3]+shift_buf[4];
         end
//调用 LPM_MULT
mult mult1(clk,cof1,add07,mul1);
mult mult2(clk,cof2,add16,mul2);
mult mult3(clk,cof3,add25,mul3);
mult mult4(clk,cof4,add34,mul4);
always @(posedge clk or negedge rstn)
    if(!rstn) begin
```

```
            mul1_reg<=25'h0;
            mul2_reg<=25'h0;
            mul3_reg<=25'h0;
            mul4_reg<=25'h0;
         end
     else begin
            mul1_reg<=mul1;
            mul2_reg<=mul2;
            mul3_reg<=mul3;
            mul4_reg<=mul4;
         end
always @(posedge clk or negedge rstn)
     if(!rstn) begin
                add_mul12<=26'h0;
                add_mul34<=26'h0;
              end
     else begin
            add_mul12={mul1_reg[24],mul1_reg}+{mul2_reg[24],mul2_reg};
            add_mul34={mul3_reg[24],mul3_reg}+{mul4_reg[24],mul4_reg};
         end
always @(posedge clk or negedge rstn)
     if(!rstn)
         fir_out<=27'h0;
     else
         fir_out<={add_mul12[25],add_mul12}+{add_mul34[25],add_mul34};
endmodule
```

3．实验内容

（1）分别完成例4-24、例4-25和例4-26的8阶低通FIR滤波器的设计，并进行仿真。比较3种实现的结果、性能，并分析之。

（2）将仿真结果导入MATLAB进行频谱分析，验证结果。

项目10　16位CPU设计

1．实验目的

（1）学习16位CPU的结构和功能。
（2）了解各类典型指令的执行流程。
（3）学习CPU各部件单元电路的设计方法。
（4）掌握基于FPGA的CPU设计仿真和软硬件综合调试方法。

2．实验原理

CPU即中央处理器（Central Processing Unit）的英文缩写，它是计算机的核心部件。

CPU 理论及其设计方法具有一定的综合性和创新性，是综合应用 EDA 技术的好题材。本实验将详细介绍一个具有 16 位复杂指令 CPU 的工作原理和设计方法，主要包括结构框图、指令系统、基本硬件系统设计和顶层设计。

（1）CPU 结构框图

CPU16 的结构框图如图 4-40 所示。

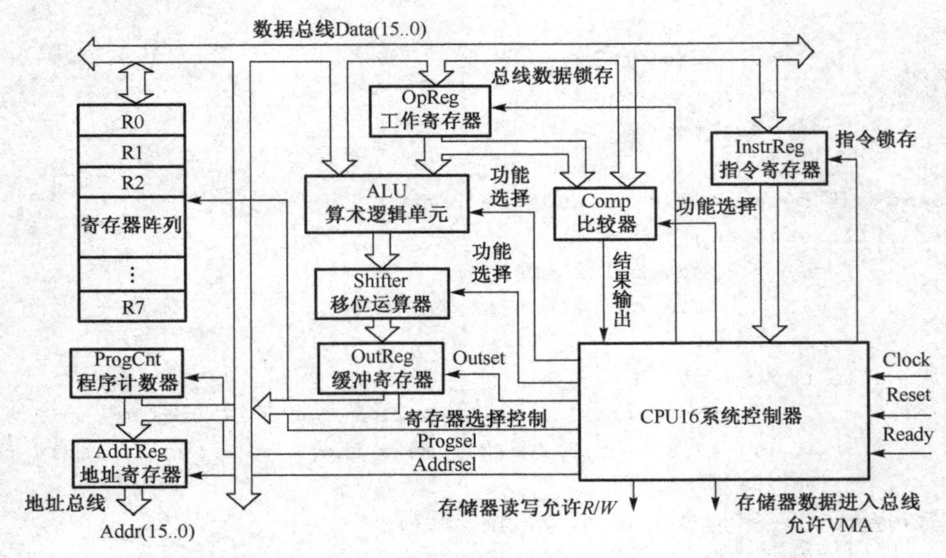

图 4-40　CPU16 的结构框图

这是一个采用单总线系统结构的 16 位复杂指令 CPU，它包含了各种最基本的功能模块：由寄存器阵列构建的 8 个 16 位寄存器 R0～R7、算述逻辑单元 ALU、比较器 Comp、移位运算器 Shifter、缓冲寄存器 OutReg、程序计数器 ProgCnt、指令寄存器 InstrReg、地址寄存器 AddrReg 和控制器，还有一些对外部设备的输入/输出电路模块。所有这些模块共用一组 16 位的三态数据总线，在总线上传送指令信息和数据信息。系统的控制信息由控制器通过单独的通道分别向各功能模块发出。

（2）CPU 指令系统

我们采用 16 位指令系统，假设 CPU 的控制工作较简单，具有 30 条指令，因此每条指令只需 5 位操作码。主要的指令有数据存/取、数据搬运、算术运算、逻辑运算、移位运算和控制转移类。CPU16 预设指令及其功能如表 4-7 所示。

表 4-7　CPU16 预设指令及其功能表

操作码	指　令	功　能	操作码	指　令	功　能
00000	NOP	空操作	01111	ZERO	寄存器清零
00001	LOAD	转载数据到寄存器	10000	JMPLTI	小于时转移到立即数地址
00010	STA	将寄存器的数存入存储器	10001	JMPGT	大于时转移
00011	MOV	在寄存器间传送操作数	10010	OUT	数据输出指令
00100	LDR	将立即数装入寄存器	10011	MTAD	16 位乘法累加
00101	JMPI	转移到立即数指定的地址	10100	MULT	16 位乘法
00110	JMPGTI	大于时转移到立即数地址	10101	JMP	无条件转移

续表

操作码	指　令	功　能	操作码	指　令	功　能
00111	INC	加 1 后放回寄存器	10110	JMPEQ	等于时转移
01000	DEC	减 1 后放回寄存器	10111	JMPEQI	等于时转移到立即数地址
01001	AND	两个寄存器数据与操作	11000	DIV	32 位除法
01010	OR	两个寄存器数据或操作	11001	JMPLTE	小于等于时转移
01011	XOR	两个寄存器数据异或操作	11010	SHL	左逻辑移位
01100	NOT	寄存器数据求反	11011	SHR	右逻辑移位
01101	ADD	两个寄存器数据加运算	11100	ROTR	循环右移
01110	SUB	两个寄存器数据减运算	11101	ROTL	循环左移

如果需要还可以加入其他功能的指令，甚至为此增加操作码位数。CPU 指令分为单字指令和双字指令，下面介绍常用的指令格式。

① 单字指令

单字指令格式如表 4-8 所示，16 位的高 5 位是操作码，低 6 位分别是源操作数寄存器和目的操作数寄存器，其中，源操作数、目的操作数寄存器都是 3 位的，如 R2(010)、R3(011)。

表 4-8　单字指令格式

操作码						源操作数			目的操作数		
Opcode					…	SRC			DST		
15	14	13	12	11	…	5	4	3	2	1	0

也可以利用其他闲置位为单字指令设置 3 个操作数寄存器，如加法指令“ADD Rs1,Rs2,Rd;”将源操作数寄存器 Rs1 和 Rs2 的内容相加后存入目的操作数寄存器 Rd，可以用第 6～8 位指示这 3 个寄存器。如指令“ADD R1,R2,R3;”将 R1、R2 寄存器的内容相加后存入 R3。由表 4-7 可知加法指令的操作码是 01101，则这条指令的指令码可以是：01101 00 **011** 010 001，即 68D1H。

② 双字指令

双字指令格式如表 4-9 所示，第一个 16 位字中包含操作码和目标寄存器的地址，第二个字中包含指令地址或操作数。

表 4-9　双字指令格式

操作码						目的操作数		
Opcode					…	DST		
15	14	13	12	11	…	2	1	0

16 位操作数															
15	14	13	12	11	10	9	8	7	6	5	4	3	2	1	0

例如，立即转载指令“LDR R1, #0015H;”将十六进制数 0015H 转载到寄存器 R1 中。由表 4-7 可知，LDR 指令操作码是 00100，目的操作数寄存器 R1 的代码是 001，指令码如表 4-10 所示，它的十六进制指令码为 2001H 0015H。

表 4-10　双字指令码举例

操作码													目的操作数		
0	0	1	0	0	0								0	0	1
16 位操作数															
0	0	0	0	0	0	0	0	0	0	0	1	0	1	0	1

在控制器对双字指令进行译码时，第一个字的操作数决定了该指令的长度为两个字，因此在装载完第二个字后，才能成为一条完整的指令。

为了便于说明和实验演示，表 4-11 列出了一个简单的汇编程序示例，它由 7 条指令组成。

表 4-11　汇编程序示例

地址	机器码	指令	功能说明
0000H 0001H	2001H 0032H	LDR R1, 0032H	将立即数 0032H 送入寄存器 R1
0002H 0003H	2002H 0011H	LDR R2, 0011H	将立即数 0011H 送入寄存器 R2
0004H	680AH	ADD R1, R2, R3	将寄存器 R1 和 R2 的内容相加后送入 R3
0005H	1819H	MOV R1, R3	将寄存器 R3 的内容送入 R1
0006H	3802H	INC R2	R2+1→R2
0007H	101AH	STA [R2], R3	将 R3 内容存入 R2 指定地址 RAM 单元
0008H	080BH	LD R3, [R1]	将 R1 指定地址 RAM 单元的数据送入 R3
0009H	0000H	NOP	空操作

（3）基本硬件系统设计

下面分别介绍 CPU16 中各模块的功能、HDL 描述，以及与控制线及总线的关系。

① 单步节拍发生模块

单步节拍发生模块 STEP2 的电路结构和仿真结果分别如图 4-41 和图 4-42 所示。由仿真结果可以看到，如果 step 的周期大于 clk 周期的 4 倍，则输入的 step 信号及输出 t1、t2 三者在时间上呈连续落后的情况。因此可以让 step 作为控制器的状态机运行驱动时钟，使得控制器在每个 step 时钟变换一个状态，这样不但可以用 t1、t2 去控制相关功能模块在时序上进行更精准的操作，而且，若不涉及同一总线上的数据读写，可在一个状态中完成两个顺序控制操作，从而提高了 CPU 的工作速度。

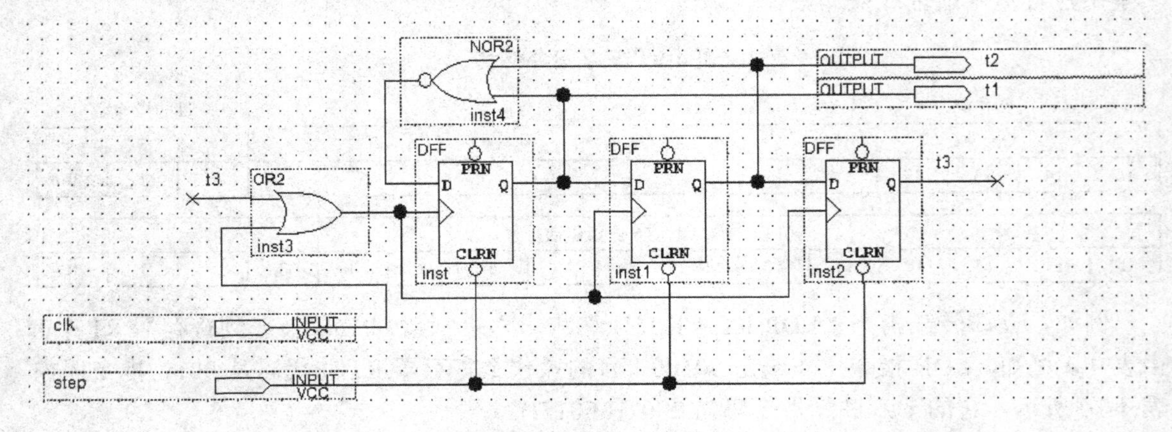

图 4-41　STEP2 电路结构

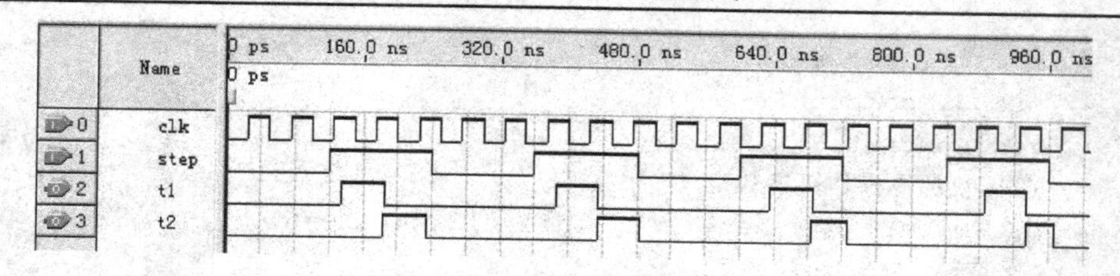

图 4-42　STEP2 的仿真结果

② 算术逻辑单元

算术逻辑单元 ALU 是一个纯组合电路，它的 Verilog HDL 代码如例 4-27 所示。

a[15..0]和 b[15..0]是 ALU 操作数输入端，其中 a 直接与数据总线相连，b 接工作寄存器的输出。c[15..0]作为运算器运算结果的输出，直接与移位器输入相连。4 位控制信号 sel[3..0]来自控制器，用于选择运算器的算法功能。

【例 4-27】 算术逻辑单元 ALU 的 Verilog HDL 描述。

```
module aluv(a,b,sel,c);
    input [15:0] a,b;
    input [3:0] sel;
    output [15:0] c;
    reg [15:0] c;
    //算数运算操作符参数定义
    parameter alupass=0,andop=1,orop=2,notop=3,xorop=4,
        plus=5,sub=6,inc=7,dec=8,zero=9;
always @(a or b or sel)
    case (sel)
          alupass: c<=a;         //总线数据直通 ALU
          andop : c<=a&b;        //逻辑与
          orop  : c<=a|b;        //逻辑或
          notop: c<=~a;          //取反
          xorop : c<=a^b;        //异或
          plus  : c<=a+b;        //算数加
          sub   : c<=a-b;        //算数减
          inc   : c<=a+1;        //加 1 操作
          dec   : c<=a-1;        //减 1 操作
          zero  : c<=0;          //输出清 0
          default: c<=0;
    endcase
endmodule
```

③ 比较器

比较器 CMPV 对两个 16 位输入值进行比较，比较的类型和方式取决于来自控制器的选择信号 sel[2..0]。比较器的 Verilog HDL 代码如例 4-28 所示。

【例 4-28】 比较器 CMPV 的 Verilog HDL 描述。

```
module cmpv(a,b,sel,compout);
    input [15:0] a,b;
```

```
    input [2:0] sel;
    output compout;
    reg compout;
    //比较运算操作符参数定义
    parameter eq=0,neq=1,gt=2,gte=3,lt=4,lte=5;
always @(a or b or sel)
    case (sel)
        eq  : if(a==b) compout<=1; else compout<=0; //a 等于 b，输出为 1
        neq : if(a!=b) compout<=1; else compout<=0; //a 不等于 b，输出为 1
        gt  : if(a>b)  compout<=1; else compout<=0; //a 大于 b，输出为 1
        gte : if(a>=b) compout<=1; else compout<=0; //a 大于等于 b，输出为 1
        lt  : if(a<b)  compout<=1; else compout<=0; //a 小于 b，输出为 1
        lte : if(a<=b) compout<=1; else compout<=0; //a 小于等于 b，输出为 1
        default: compout<=0;
    endcase
endmodule
```

④ 移位器

移位器实现移位和循环操作，对输入 16 位数据的操作类型有 5 种：数据直通、左移、右移、循环左移和循环右移，由输入信号 sel 决定执行哪一种移位方式。数据直通即允许输入数据直接输出，不执行任何移位操作，这个功能在 CPU 的许多操作中十分方便，不但提高速度而且节省许多硬件资源，ALU 模块也有数据直通功能。移位器的 Verilog HDL 代码如例 4-29 所示。

【例 4-29】 移位器 SFT4A 的 Verilog HDL 描述。

```
module sft4a(a,sel,y);
    input [15:0] a;
    input [2:0] sel;
    output [15:0] y;
    reg [15:0] y;
    parameter shftpass=0,sftl=1,sftr=2,rotl=3,rotr=4;
                                          //移位运算操作符参数定义
always @(a or sel)
    case (sel)
        shftpass: y<=a;                   //数据直通
        sftl   : y<={a[14:0],1'b0};       //左移
        sftr   : y<={1'b0,a[15:1]};       //右移
        rotl   : y<={a[14:0],a[15]};      //循环左移
        rotr   : y<={a[0],a[15:1]};       //循环右移
        default: y<=0;
    endcase
endmodule
```

⑤ 基本寄存器与寄存器阵列

在 CPU 中，寄存器常被用来暂存各种信息，如数据信息、地址信息、指令信息、控制

信息等，以及与外部设备交换的信息。CPU16 使用了 3 种不同结构的基本寄存器和一个寄存器阵列，下面分别介绍。

a) 只有锁存控制时钟的寄存器

这是最简单的寄存器，它在 CPU 中担任缓冲寄存器和指令寄存器，Verilog HDL 代码如例 4-30 所示，也可以直接调用 LPM_ FF 模块取代。

【例 4-30】 REG16B 的 Verilog HDL 描述。

```
module reg16b(a,clk,q);
    input [15:0] a;
    input clk;
    output [15:0] q;
    reg [15:0] q;
always @(posedge clk)
    q<=a;
endmodule
```

b) 含三态输出控制的寄存器

此寄存器没有对应的 LPM 模块，它实际上就是例 4-30 的寄存器在输出端上加一个三态控制门，其代码如例 4-31 所示。在 CPU16 中，此寄存器担任运算结果寄存器。

【例 4-31】 TREG8V 的 Verilog HDL 描述。

```
module treg8v(a,en,clk,q);
    input clk,en;
    input [15:0] a;
    output [15:0] q;
    reg [15:0] q,val;
always @(posedge clk)
    val<=a;
always @(en or val)
    if(en) q<=val;
    else q<=16'bZZZZZZZZZZZZZZZZ;
endmodule
```

c) 含清零和数据锁存同步使能控制的寄存器

这个寄存器相当于在例 4-30 的寄存器基础上，加上清零和同步加载控制信号，其代码如例 4-32 所示。在 CPU16 中，此寄存器担任地址寄存器、PC 寄存器和工作寄存器。

【例 4-32】 REG_B 的 Verilog HDL 描述。

```
module reg_b(clk,rst,load,d,q);
    input clk,rst,load;
    input [15:0] d;
    output [15:0] q;
    reg [15:0] q;
always @(posedge clk or posedge rst)
    if(rst) q<=0;
```

```
    else if(load) q<=d;
endmodule
```

d) 寄存器阵列

执行指令时，寄存器阵列存储指令所处理的立即数。寄存器阵列的代码如例 4-33 所示，它相当于一个 8×16 位的 RAM，对其操作也像一个 RAM 存储器，可以进行读或写操作，寄存器选择信号 sel 相当于 RAM 的地址。可以用 LPM_RAM 模块来替代这个寄存器阵列。

【例 4-33】 寄存器阵列 REG_AR7 的 Verilog HDL 描述。

```
module reg_ar7(clk,sel,data,q);
    input clk;
    input [2:0] sel;
    input [15:0] data;
    output [15:0] q;
    reg [15:0] ramdata[0:7];
always @(posedge clk)
    ramdata[sel]<=data;
assign q=ramdata[sel];
endmodule
```

⑥ 程序与数据存储器

此 CPU 接口的存储器采用 LPM_RAM 模块，容量和端口选择如图 4-43 所示。注意设置 LPM_RAM 模块时，选择了写入时同步输出 Old Data 方式。

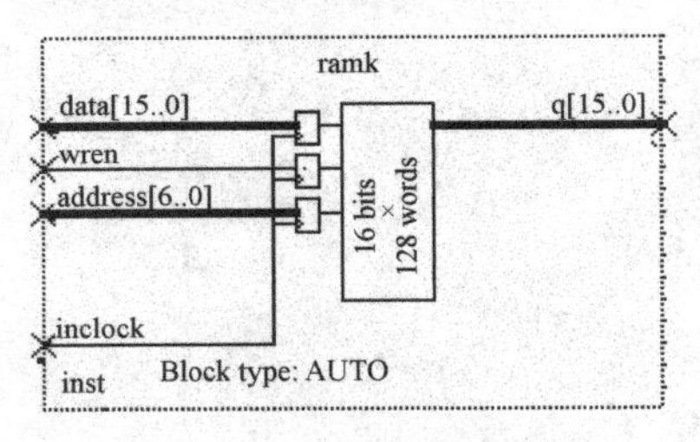

图 4-43 容量和端口选择

⑦ 控制器

CPU16 的关键功能模块是控制器，它由一个完整的状态机构成，负责对运行程序中所有指令的译码、各种微操作命令的生成和对 CPU 中各功能模块的控制。表 4-11 列出的 7 条指令的控制器模块代码如例 4-34 所示。

【例 4-34】 控制器 CONTRLA 的 Verilog HDL 描述。

```
module contrla (clk,rst,instrReg, compout, progCntrWr, progCntrRd, addrRegWr,
                addrRegRd, outRegWr, outRegRd, shiftSel, aluSel, compSel,
                opRegRd, opRegWr, instrWr, regSel, regRd, regWr, rw, vma);
    input clk,rst;             //时钟和复位信号
    input [15:0] instrReg; input compout;//指令寄存器操作码输入级比较器结果输入
    output progCntrWr;         //程序寄存器同步加载允许，但需 t1 的上升沿有效
    output progCntrRd;         //程序寄存器数据输出至总线三态开关允许控制
```

```
    output addrRegWr;         //地址寄存器允许总线数据写入，但需 t2 有效
    output addrRegRd;         //地址寄存器读入总线允许
    output outRegWr;          //输出寄存器允许总线数据写入，但需 t2 有效
    output outRegRd;          //输出寄存器数据进入总线允许，即打开三态门
    output [2:0] shiftSel; output [3:0] aluSel;//移位器功能选择和ALU功能选择
    output [2:0] compSel; output opRegRd;//比较器功能选择和工作寄存器读出允许
    output opRegWr;           //总线数据允许写入工作寄存器，但需 t1 有效
    output instrWr;           //总线数据允许写入指令寄存器，但需 t1 有效
    output [2:0] regSel;      //寄存器阵列选择
    output regRd;             //寄存器阵列数据输出至总线三态开关允许控制
    output regWr;             //总线数据允许写入寄存器阵列，但需 t2 有效
    output rw;                //rw=1，RAM 写允许；rw=0，RAM 读允许
    output vma;               //存储器 RAM 数据输出至总线三态开关允许控制
    reg  progCntrWr, progCntrRd, addrRegWr, addrRegRd, outRegWr,
        outRegRd, opRegRd, opRegWr, instrWr, regRd, vma, regWr, rw;
    reg [2:0] shiftSel,regSel;
    wire [2:0] compSel;
    reg [3:0] aluSel;
    //部分运算操作符参数定义
    parameter shftpass=0,alupass=0,plus=5,inc=7,zero=9;
    //状态定义——指令集定义
    parameter reset1=0, reset2=1, reset3=2, execute=3, nop=4, load=5, store=6,
        load2=7, load3=8, load4=9, store2=10, store3=11,store4=12,incPc=13,
        incPc2=14, incPc3=15, loadI2=16, loadI3=17, loadI4=18, loadI5=19,
        loadI6=20, inc2=21, inc3=22, inc4=23, move1=24, move2=25,
        add2=26, add3=27, add4=28;//在状态机中增加 3 个加法微操作状态变量
    reg [4:0] current_state,next_state;    //定义现态和次态
always @(current_state or instrReg or compout) begin : COM //组合过程
    progCntrWr<=0;progCntrRd<=0;addrRegWr<=0;addrRegRd<=0;outRegWr<=
        0;outRegRd<=0;
    shiftSel<=shftpass;aluSel<=alupass;opRegRd<=0;opRegWr<=0;
    instrWr<=0;regSel<=0;regRd<=0;regWr<=0;rw<=0;vma<=0;
    case (current_state)
    reset1  : begin aluSel<=zero;shiftSel<=shftpass;
              outRegWr<=1'b1;next_state<=reset2; end
    reset2  : begin outRegRd<=1'b1;progCntrWr<=1'b1;
              addrRegWr<=1'b1;next_state<=reset3; end
    reset3  : begin vma<=1'b1;rw<=1'b0;instrWr<=1'b1;
              next_state<=execute; end
    execute : begin
        case(instrReg[15:11])                     //不同指令识别分支处理
        5'b00000: next_state<=incPc;             //转 nop 指令处理；
        5'b00001: next_state<=load2;             //转 load 指令处理
        5'b00010: next_state<=store2;            //转 store 指令处理
        5'b00100: begin progCntrRd<=1'b1;aluSel<=inc;shiftSel<=shftpass;
                  next_state<=loadI2; end        //转 loadI 指令处理
```

```
      5'b00111: next_state<=inc2;             //转 inc 指令处理
      5'b01101: next_state<=add2;             //增加一个加法 ADD 指令分支
      5'b00011: next_state<=move1;            //转 move 指令处理
      default : next_state<=incPc;            //转 PC 加 1
      endcase end
   load2  : begin regSel<=instrReg[5:3]; regRd<=1'b1;
               addrRegWr<=1'b1; next_state<=load3; end
   load3  : begin vma<=1'b1; rw<=1'b0; regSel<=instrReg[2:0];
               regWr<=1'b1; next_state<=incPc; end
    add2  : begin regSel<=instrReg[5:3]; //选择寄存器阵列的 R1
                  regRd<=1'b1;           //允许 R1 寄存器数据进入总线
                  next_state<=add3;
                  opRegWr<=1'b1; end     //将此数据写入工作寄存器
                  //以上 4 步在一个 step 脉冲完成，以下相同
   add3   : begin regSel<=instrReg[2:0]; //选择寄存器阵列的 R2
                  regRd<=1'b1;           //允许 R1 寄存器数据进入总线
                  aluSel<=plus;          //选择 ALU 做加法
                  shiftSel<=shftpass;    //使 ALU 输出直通移位器
                  outRegWr<=1'b1;        //将数据写入输出寄存器
                  next_state<=add4; end  //此时相加结果尚未进入总线
                                         //以上 5 步在一个 step 脉冲完成
   add4   : begin regSel<=3'b011;        //固定选择寄存器阵列的 R3
                  outRegRd<=1'b1;        //允许输出寄存器的数据进入总线
                  regWr<=1'b1;           //将数据写入工作寄存器 R3
                  next_state<=incPc; end //加法操作结束，最后转入 PC 加 1 状态
   move1  : begin regSel<=instrReg[5:3]; regRd<=1'b1; aluSel<=alupass;
                  shiftSel<=shftpass; outRegWr<=1'b1; next_state<=move2; end
   move2  : begin regSel<=instrReg[2:0]; outRegRd<=1'b1;
                  addrRegWr<=1'b1; next_state<=store3; end
   store2 : begin regSel<=instrReg[2:0]; regRd<=1'b1;
                  regWr<=1'b1; next_state<=incPc; end
   store3 : begin regSel<=instrReg[5:3]; regRd<=1'b1;
                  rw<=1'b1; next_state<=incPc; end
   loadI2 : begin progCntrRd<=1'b1; aluSel<=inc; shiftSel<=shftpass;
                  outRegWr<=1'b1; next_state<=loadI3; end
   loadI3 : begin outRegRd<=1'b1; next_state<=loadI4; end
   loadI4 : begin outRegRd<=1'b1; progCntrWr<=1'b1;
                  addrRegWr<=1'b1; next_state<=loadI5; end
   loadI5 : begin vma<=1'b1; rw<=1'b0; next_state<=loadI6; end
   loadI6 : begin vma<=1'b1; rw<=1'b0; regSel<=instrReg[2:0];
                  regWr<=1'b1; next_state<=incPc; end
    inc2  : begin regSel<=instrReg[2:0]; regRd<=1'b1; aluSel<=inc;
                  shiftSel<=shftpass; outRegWr<=1'b1; next_state<=inc3; end
    inc3  : begin outRegRd<=1'b1; next_state<=inc4; end
    inc4  : begin outRegRd<=1'b1; regSel<=instrReg[2:0];
                  regWr<=1'b1; next_state<=incPc; end
   incPc  : begin progCntrRd<=1'b1; aluSel<=inc; shiftSel<=shftpass;
```

```
                    outRegWr<=1'b1; next_state<=incPc2; end
      incPc2  : begin outRegRd<=1'b1; progCntrWr<=1'b1;
                    addrRegWr<=1'b1; next_state<=incPc3; end
      incPc3  : begin outRegRd<=1'b0; vma<=1'b1; rw<=1'b0;
                    instrWr<=1'b1; next_state<=execute; end
      default : next_state<=incPc;
      endcase end
   always @(posedge clk or posedge rst)        //时序过程
      if (rst) current_state<=reset1;
      else current_state<=next_state;
   endmodule
```

（4）CPU 顶层设计

CPU16 的顶层设计如图 4-44 所示。控制模块包含了 CPU 的所有指令系统以构建电路设计，负责通过总线从外部程序存储器读取指令，通过指令寄存器进入控制器，控制器根据指令的要求向外部各功能模块发出对应的控制信号。

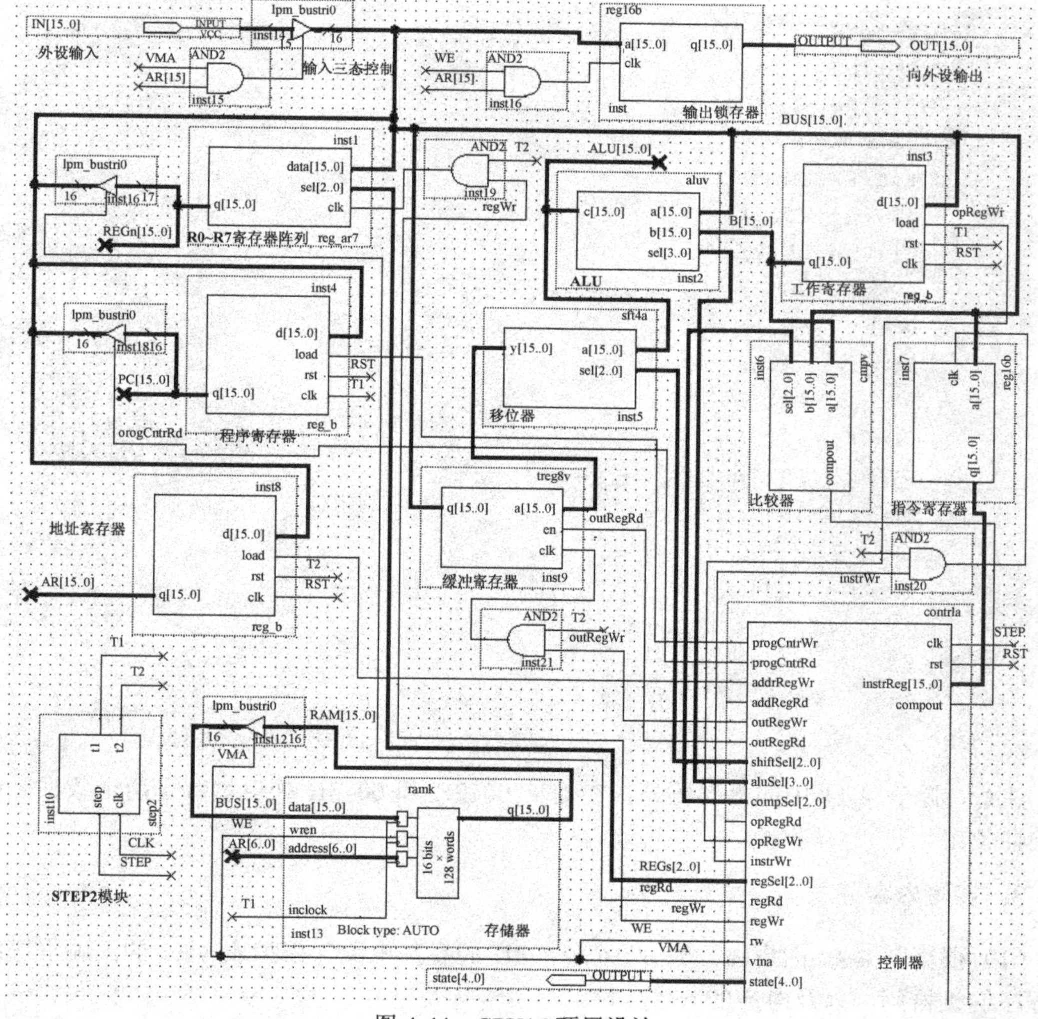

图 4-44　CPU16 顶层设计

系统的运行和普通 CPU 的工作方式基本相同，对于一条指令的执行也分多个步骤进行：首先地址寄存器 AR 保存当前指令的地址，当一条指令执行完后，程序寄存器 PC 指向下一条指令的地址。如果是顺序指令，PC+1 就指向下一条指令地址；如果是分支转移指令，则直接跳到该转移地址。方法是控制单元将转移地址写入程序寄存器 PC 和地址寄存器 AR，这时在地址总线上就会输出新的地址。然后，控制单元将读写存储器的控制信号 RW 置 0，执行读操作；而将 VMA 置 1，即告诉存储器此地址有效，于是存储器就根据此地址将存储单元中的数据传给数据总线。控制单元将存储器输出的数据写入指令寄存器 IR 中，接着对 IR 中的指令进行译码和执行指令。工作过程就这样循环下去。

如果希望 CPU16 能正常执行表 4-11 的程序，需将该汇编程序对应的机器码按左侧的地址写入存储器模块 RAMK 中。最方便的方法是将这些机器码按序编辑在 mif 文件中，然后按路径设置于 LPM_RAM 中。由表 4-11 制作的 mif 文件如例 4-35 所示。

【例 4-35】 7 条指令汇编程序的 mif 文件。

```
WIDTH=16;
DEPTH=128;
ADDRESS_RADIX=HEX;
DATA_RADIX=HEX;
CONTENT BEGIN
    00  :  2001;
    01  :  0032;
    02  :  2002;
    03  :  0011;
    04  :  680A;
    05  :  1819;
    06  :  3802;
    07  :  101A;
    08  :  080B;
    [09..11]  :  0000;
    12  :  1524;
    [13..42]  :  0000;
    43  :  A6C7;
    [44..7F]  :  0000;
END;
```

注意，除表 4-11 中的机器码外，在地址 0012H 和 0043H 处也设置了两个数据，供仿真验证使用。

3．实验内容

（1）根据图 4-44 的电路，设计 16 位 CPU 的完整电路，根据表 4-11 的汇编程序编写此程序的机器码，以及对应的 mif 文件。

（2）进行验证设计和测试。把 CPU 系统中各部件的模块功能逐步仿真调试好，排除各种软硬件错误，对整个 CPU 设计进行仿真，对照表 4-11 的汇编程序验证仿真结果。

（3）建立硬件测试电路，利用嵌入式逻辑分析仪 SignalTap II 对下载到 FPGA 中的 CPU 模块进行硬件验证。

（4）参考表 4-7，设计两条新指令：跳转指令 JMPGTI 和 JMPI，将它们的相关程序嵌入到例 4-34 的控制器模块中，再通过上面已经建好的 CPU 电路，对这两个指令进行仿真测试，直至调试正确。

第5章　ModelSim使用介绍

由于 Quartus II 10.0 以上版本不再自带波形仿真工具，需要使用第三方的仿真软件，另外，虽然 Quartus II 9.1 之前版本（包括 9.1 版本）支持波形仿真，但要求设计者自行输入激励信号，在有些情况下费时费力且容易出错，因此本章主要介绍目前主流的仿真工具 ModelSim。

5.1　ModelSim 简介

ModelSim 是 Mentor Graphic 公司开发的，它能提供友好的仿真环境，是业界唯一的单内核支持 VHDL 和 Verilog HDL 混合仿真的仿真器，是 FPGA/ASIC 设计的首选仿真软件，其功能比 Quartus II 自带的仿真器强大得多。

ModelSim 可分为几种不同版本：SE、PE、LE 和 OEM。其中 SE 是最高版本，而集成在 Altera、Xilinx 以及 Lattice 等 FPGA 厂商设计工具中的均是 OEM 版本，其中集成在 Altera 设计工具中的是 ModelSim AE（Altera Edition）版本，集成在 Xilinx 设计工具中的是 ModelSim XE（Xilinx Edition）版本。不同版本的 ModelSim 在界面和功能上可能有所差异，例如，SE 版本中的仿真速度大大高于 OEM 版本，并且支持 PC、UNIX、Linux 混合平台。

ModelSim 仿真软件具有以下特点：

（1）能够跨平台、跨版本仿真；

（2）全面支持系统级描述语言，如 SystemC、System Verilog HDL；

（3）支持 VHDL 和 Verilog HDL 的混合仿真；

（4）集成了性能分析、波形比较、代码覆盖、虚拟对象（Virtual Object）、Memory 窗口和源码窗口显示信号值、信号条件断点等众多调试功能。

本章是 ModelSim 的初级教程，使用的版本是 ModelSim SE 6.5b，该版本支持所有的 Altera 器件，提供行为级和门级仿真。要更深入地学习，请读者参阅 ModelSim 的帮助文档。

5.2　ModelSim 设计实例

下面以第 3 章项目 3 中的一般十进制计数器（例 3-14）为例，详细介绍 ModelSim 的使用方法和设计流程。

1. 启动 ModelSim

首先启动 ModelSim SE 6.5b，启动界面如图 5-1 所示，它是 ModelSim 的主窗口（Main Window），主要由以下几部分构成。

（1）工具栏：位于上方；

（2）工作区（Workspace）：位于中间；

（3）命令窗口（Transcript）：位于下方。

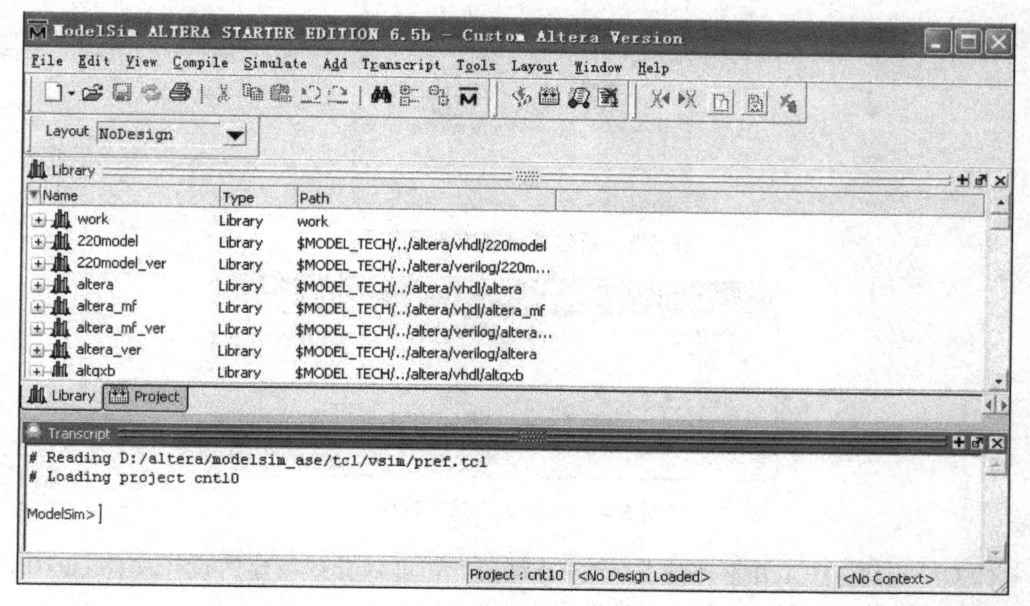

图 5-1　ModelSim 工作界面

在工作区中用树状列表的形式来观察库（Library）、项目源文件（Project）和设计仿真结构（sim）等。在命令窗口中可以输入 ModelSim 的命令（基于 TCL Script），并获得执行信息。

2．建立仿真工程项目

选择 File→New→Project 命令，弹出图 5-2 所示的对话框。输入工程名、工程路径、设计编译库等内容，单击 OK 按钮将完成新工程项目的创建，同时弹出图 5-3 所示的对话框，提示新建或添加设计文件到工程中。

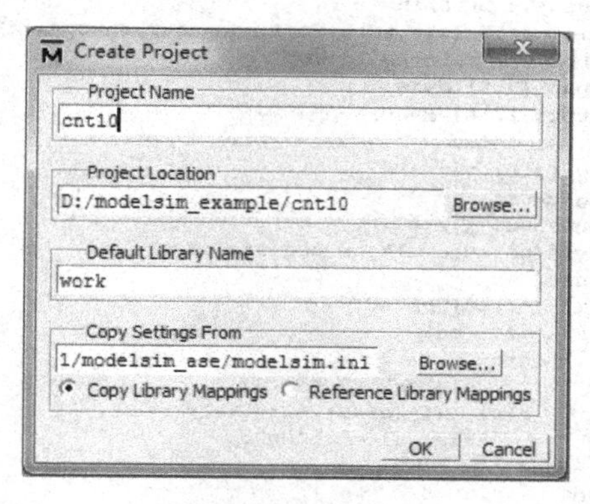

图 5-2　新建工程

选择其中一项（这里选 Create New File），会弹出图 5-4 所示的对话框，选择要加入文件的路径、语言类型等。

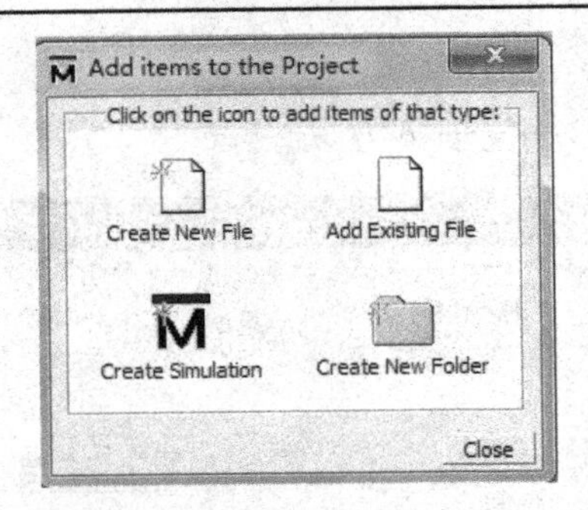

图 5-3　新建或添加文件到工程

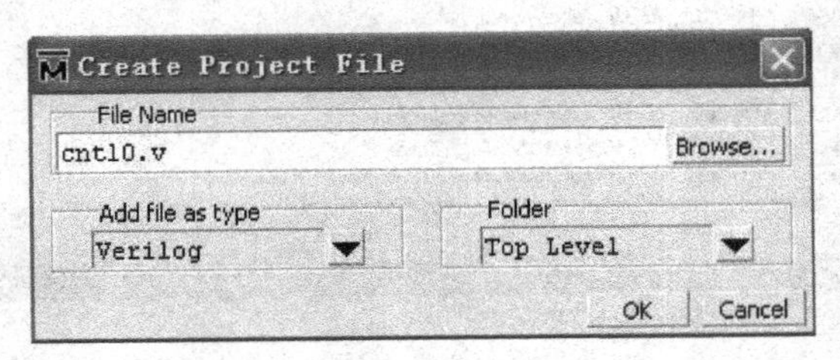

图 5-4　添加文件到工程中

单击 OK 按钮，在工作区中选择 Project 选项卡，可以看到新建的设计文件 cnt10.v，如图 5-5 所示，其状态显示“？”表示未编译。

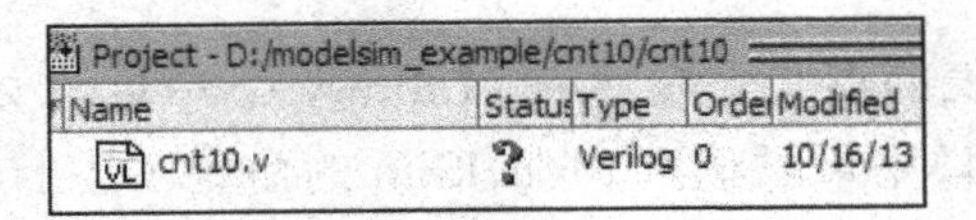

图 5-5　Project 窗口显示

双击图 5-5 中的文件名 cnt10.v，即可打开原窗口（Source），在其中输入 Verilog HDL 的设计文件，如图 5-6 所示。

D:/modelsim_example/cnt10tb/cnt10.v

```
1   `timescale 10ns/1ns
2   module cnt10 (clk,rstn,en,loadn,cout,dout,data);
3     input clk,rstn,en,loadn;
4     input [3:0] data;
5     output [3:0] dout;
6     output cout;
7     reg [3:0] q1;
8     reg cout;
9   assign dout=q1;
10  always@(posedge clk or negedge rstn)
11    begin
12      if (!rstn) q1<=0;
13      else if (en)
14        begin
15          if (!loadn) q1<=data;
16          else  if (q1<9) q1<=q1+1;
17                else q1<=4'b0000;
18        end
19    end
20  always @(q1)
21      if (q1==4'h9)  cout=1'b1;
22      else   cout=1'b0;
23  endmodule
24
```

图 5-6　输入设计文件

若设计文件已经编辑好，在图 5-3 的对话框中选择 Add Existing File 项，然后选择已有的文件。

3．编译仿真文件

ModelSim 是一种编译型的仿真器，在仿真前必须先编译 HDL 文件。在工作区中选中 Project 选项卡中的设计文件，单击鼠标右键弹出快捷菜单，选择 Compile→Compile All，如图 5-7 所示。如果编译正确，状态栏的“？”会变为“√”；如果编译错误，则将显示“×”，在命令窗口中出现红色的错误信息提示，双击错误信息即可定位到 HDL 源文件的错误行附近。

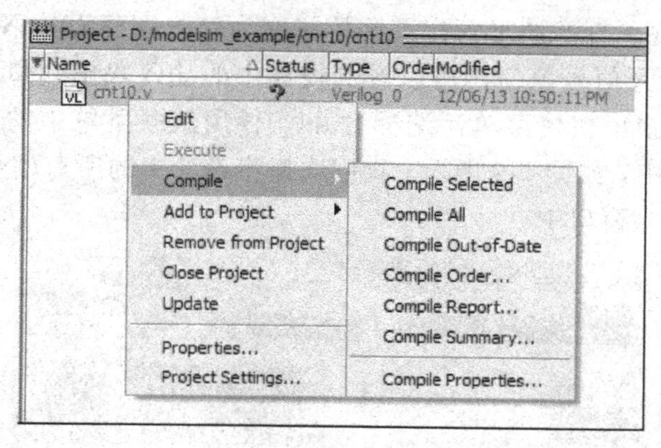

图 5-7　编译设计文件

4．转载仿真模块和仿真库

编译完成后，需要装载准备仿真的设计模块和仿真库。在工作区中选择 Library 选项卡，选择 work 库（即当前的仿真库），可看到 work 库中已经存在一个实体 cnt10，这就是刚才编译的结果。选中这个实体后单击鼠标右键，在弹出的快捷菜单中选择 Simulate 命令，如图 5-8 所示。当工作区中出现 Sim 选项卡时，即说明设计已经装载成功。

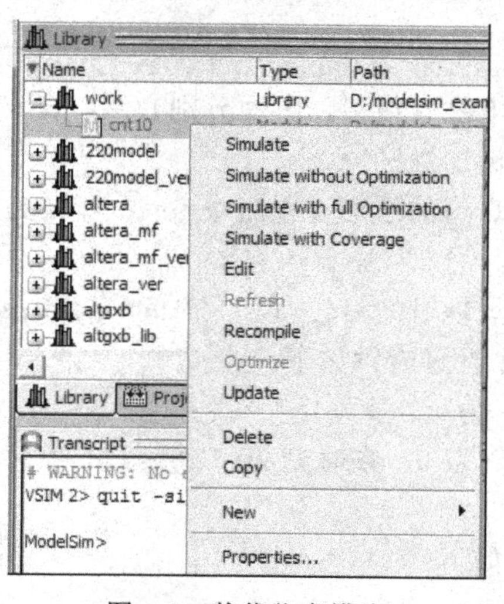

图 5-8　装载仿真模块

图5-8所示快捷菜单中的Simulate without Optimization是未优化的仿真，在不要求仿真效率时，一般选择这项。对于优化的仿真，仿真时一些信号和模块可能会看不到，因为它们被优化了，这不利于分析结果。

5. 执行仿真

ModelSim仿真时常用的窗口有：列表窗口（List）、波形窗口（Wave）、信号窗口（Objects）、源文件窗口（Source）、实例窗口（Instance）、数据流窗口（Dataflow）和进程窗口（Porcess）。这些窗口可以通过View菜单来进行选择。

选择View→Wave，打开波形窗口，开始时它为空，需要为其添加仿真观察对象。选择View→Object，打开信号窗口，可以看到设计中的输入输出端口、信号、常数等。以鼠标右键单击信号，弹出快捷菜单，选择Add，使用级联菜单中的命令可以将需要观察的信号添加到各窗口中，如图5-9所示。我们选择将设计中的所有信号（Signals in Design）都添加到波形（Wave）窗口中。

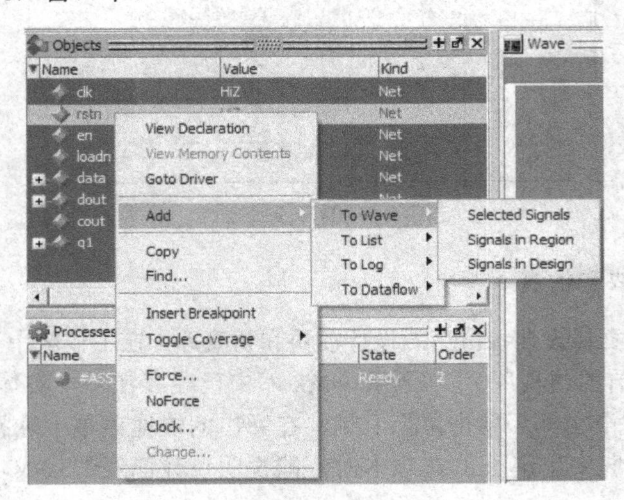

图5-9 添加信号到波形窗口

接下来设置仿真激励，方法有很多，下面分别介绍。

（1）使用波形设置命令施加激励

在命令窗口中，利用仿真器的波形设置命令force可以交互地施加激励。force命令的格式如下：

force <信号名> <值> [<时间>] [, <值> <时间> …] [-repeat <周期>]

在本例中利用force命令设置时钟如下：

force clk 0 0,1 20 –r 40

即强制信号clk在时刻0的值为0，在时刻20（20ns）的值为1，上述设置从时刻40开始重复。

其他输入信号分别设置如下：

```
force rstn 1 0,0 40,1 80        //强制信号rst在时刻0的值为1,时刻40的值为0
                                //从时刻80开始值都为1
```

```
force en 1                        //强制信号 en 的值为 1
force loadn 1 0,0 120,1 160       //设置 loadn
force data 0001                   //设置 data
run 1000                          //仿真运行时间为 1000ns
```

仿真结果可以从波形窗口中观察到。为了便于观察仿真结果，可以改变波形窗口中的信号的数制类型。如选中信号 dout，单击鼠标右键，在弹出的快捷菜单中选择 Radix，可以看到有多种数制类型，本例中选择 Unsigned，如图 5-10 所示。

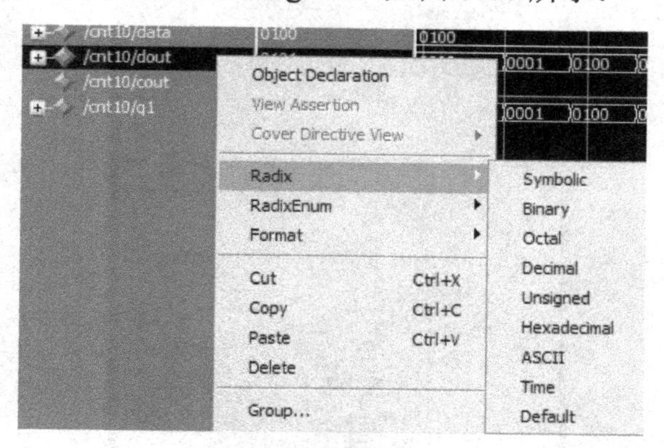

图 5-10　设置数制类型

修改数制类型后的仿真结果如图 5-11 所示。

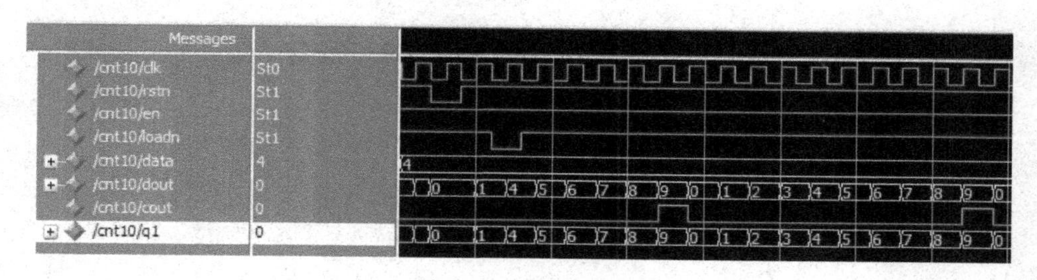

图 5-11　仿真结果

（2）使用 ModelSim 菜单设置仿真激励

使用 ModelSim 菜单在适当的仿真时刻可以改变某些信号的激励。在 Object 窗口中选中相应输入信号，单击鼠标右键，在快捷菜单中选择 Clock 或 Force 来设置激励信号。如选中 clk 信号，单击鼠标右键，选 Clock 项，弹出图 5-12 所示的 Define Clock 对话框，完成时钟信号的设置；同样选中 rstn 信号，选 Force 项，弹出图 5-13 所示的 Force Selected Signal 对话框。

为了得到和图 5-11 相同的激励设置，我们进行以下操作：将 clk 设为周期为 40ns 的时钟信号（图 5-12），rstn 强制设为 1，en、loadn 设为 1，data 设为 0100，仿真 40ns（run 40）；rstn 设为 0，仿真 40ns；rstn 设为 1，仿真 40ns；loadn 设为 0，仿真 40ns；loadn 设为 1，仿真 1000ns。

（3）使用 Testbench 实现

若需对一个设计实体模块进行仿真，可以先编写 Verilog HDL 代码，在此代码中将这个先前已完成的设计实体进行元件例化，然后在代码中对这个实体的输入信号用此 Verilog HDL 代码加上激励波形表述，接着在 Verilog HDL 仿真器中编译运行新建的 Verilog HDL 代码，即可对此设计实体进行仿真测试。这个测试代码即称为测试基准（Testbench）。一般情况下，Testbench 不需要定义输入/输出端口，测试结果全部通过内部信号或变量来观察、分析和判断。

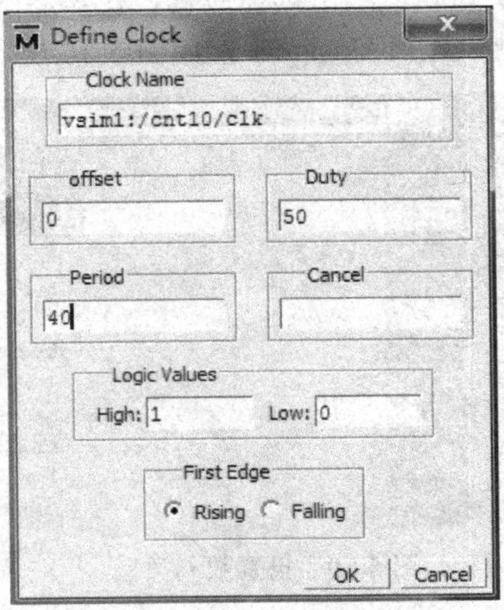

Define Clock
Clock Name
vsim1:/cnt10/clk
offset
0
Duty
50
Period
40
Cancel
Logic Values
High: 1
Low: 0
First Edge
Rising
Falling
OK
Cancel

图 5-12 Define Clock 对话框

Force Selected Signal
Signal Name: sim:/cnt10/rstn
Value: 1
Kind
Freeze
Drive
Deposit
Delay For: 0
Cancel After:
OK
Cancel

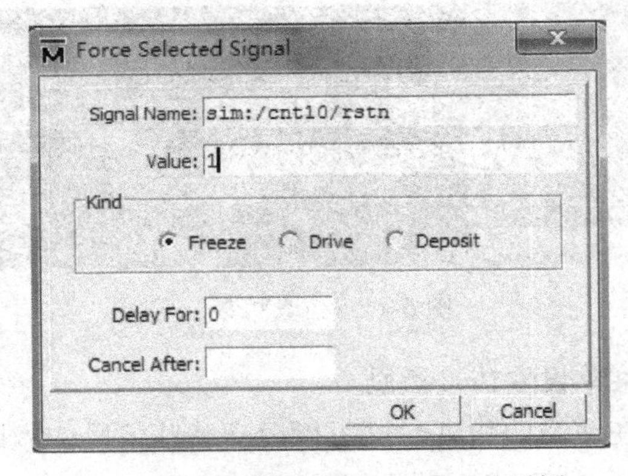

图 5-13 Force Selected Signal 对话框

例 5-1 是十进制计数器的 Testbench，它作为顶层文件调用十进制计数器 cnt10.v。它产生的激励信号和前面两种方法相同，读者可以比较它们的仿真结果。需要注意的是，例 5-1 的程序不可综合，只用于仿真。

【例 5-1】 十进制计数器的 Testbench。

```
`timescale 10ns/1ns                    //仿真单位时间为 10ns，精度为 1ns
module cnt10tb(dout,cout);
    output [3:0] dout;
    output cout;
    reg clk,rstn,en,loadn;
```

```
      reg [3:0] data;
  always #2 clk=~clk;
      initial begin
       #0 clk=0;rstn=1;en=1;loadn=1;data=4;
       #4 rstn=0;
       #4 rstn=1;
       #4 loadn=0;
       #4 loadn=1;
      end
      //例化被测元件(DUT)
      cnt10 u1(clk,rstn,en,loadn,cout,dout,data);
endmodule
```

Testbench 是用来测试一个 Verilog HDL 实体的代码，它本身也是 Verilog HDL 代码。Testbench 用各种方法产生激励信号，通过元件例化语句以及端口映射将激励信号传送给被测试的 Verilog HDL 设计实体，然后将输出信号波形写到文件中，或直接用波形浏览器观察输出波形。Testbench 是目前 EDA 设计仿真、验证的最常用方法。

编写 Testbench 时的一些常用技巧总结如下。

① 如果激励中有一些重复的项目，可以考虑将这些语句编写成一个 task，这样会给书写和仿真带来很大方便。

② 如果被测元件（DUT）中包含双向端口（inout），在编写 Testbench 时要注意，需要一个 reg 变量来表示其输入，还需要一个 wire 变量来表示其输出。

③ 如果 initial 块语句过于复杂，可以考虑将其分为互不相干的几个部分，用几个 initial 块来描述。在仿真时，这些 initial 块会并发运行。这样方便阅读和修改。

④ 每个 Testbench 最好都包含$stop 语句，用以指明仿真何时结束。

⑤ 加载测试向量时，避免在时钟的上下沿变化，例如数据最好在时钟上升沿之前变化，这也符合建立时间的要求。

6．退出仿真

选择菜单栏中的 Simulate→End Simulate 命令，退出仿真。

附录A　KX_DN系列EDA开发系统使用说明

一般情况下，诸如EDA、单片机、DSP、SOPC等传统实验平台多数是整体结构型的，虽然也可以完成多种类型实验，但由于整体结构不可变动，故实验项目和类型是预先设定的、固定的，很难有自主发挥的余地，学生的创新思想与创新设计如果与实验系统的结构不吻合，便无法在此平台上获得验证；同样，教师若有新的联系教学实际的实验项目，也无法融入固定结构的实验系统供学生实验。因此，此类实验平台不具备可持续发展的潜力，没有自我更新和随需要升级的能力，使用几年后只能被淘汰。

模块自由组合型创新设计综合实验开发系统很好地解决了这些问题，成为高等学校目前十分流行的实践平台，结构图如图A-1所示，其主要特点如下：

（1）由于系统的各实验功能模块可自由组合、增减，故不仅可实现的实验项目多，类型广，更重要的是很容易实现形式多样的创新设计；

（2）由于各类实验模块功能集中，结构经典，接口灵活，对于任何一项具体实验设计都能给学生独立系统设计的体验，甚至可以脱离系统平台；

（3）根据不同的专业特点，不同的实践要求和不同的教学对象，教师甚至学生自己可以动手为此平台开发、增加新的实验和创新设计模块；

（4）由于系统上的各接口以及插件模块的接口都是统一标准的，可以通过增加相应的模块而随时升级。

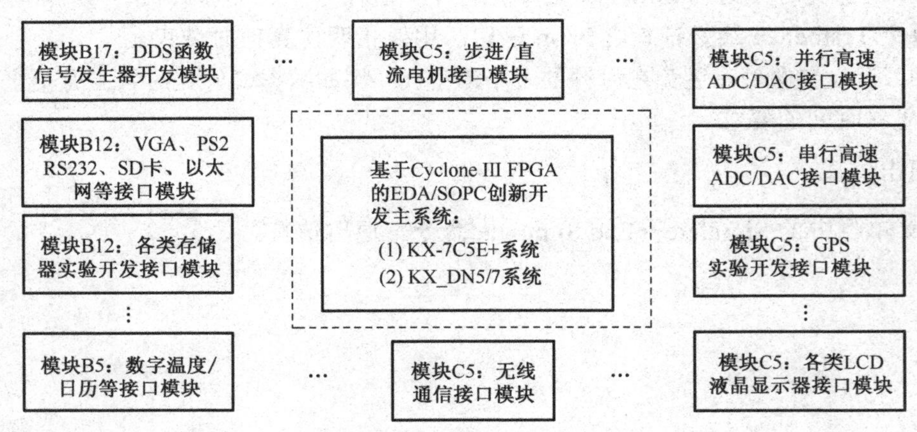

图A-1　模块化创新设计综合实验系统结构示意图

考虑到本书给出的设计类示例和项目数量大、总类广，且涉及的技术门类较多，如包括一般数字系统设计、EDA技术、基于FPGA的DSP技术、数字通信模块的设计、机电控制等，我们选择KX_DN系列模块自由组合型创新设计综合实验开发系统作为本书实践项目设计示例的硬件实现平台，它能较好地满足项目类型多和技术领域跨度宽的实际要求。

A.1　KX_DN 主系统平台

KX_DN 系统采用了模块化结构，在系统平台上安排较多数量的实验模块插座，使得各类功能模块既可以插于主系统上，构建一个更大的设计结构，也可以脱离主板系统，单独构建独立系统，以使实验者能更好地体会自主系统设计的过程。图 A-2 所示为 KX_DN 主系统平台，下面对主系统做说明，说明采用标注形式表达。

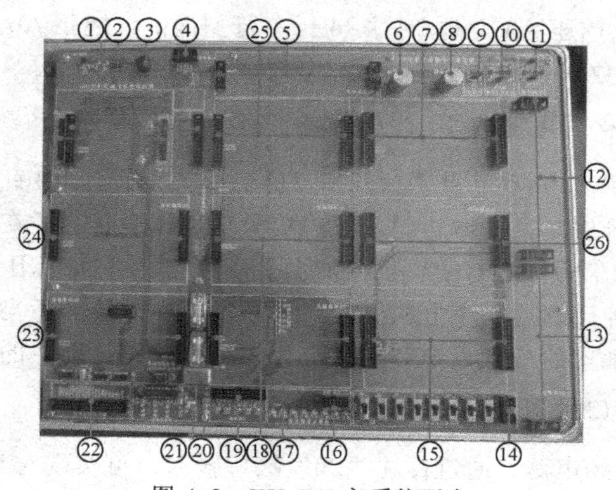

图 A-2　KX_DN 主系统平台

1. A 类插座实验模块可插的 26 针双插座

标注“1”，此座用做专门插 DDS 模块，和“A9”座靠近，二者同时只能用其一，具体 DDS 功能请参考相关资料。

标注“2、25、7、26、15、17、18、23、24”的分别为 A 座，每个含两个 26 针。A 类座的尺寸大小、结构布置和信号安排大致相同。所以以下所述的多数实验功能模块可以随意插在这 9 个插座中的任何一个位置上，这为实验系统的灵活构建奠定了基础。

但如果仔细观察，就会发现这 9 个插座的信号配置也稍有不同之处，所以对于不同的实验模块以及不同的实验需求，应该具体考虑实验模块所插的位置。这 9 个插座的信号相同处与不同处主要表现于以下方面。

（1）9 个 A 类插座的相同处是：在相同的信号脚上都含有地 GND 和工作电源 VCC（+5V）。

（2）第一个不同处是时钟信号的布置：含有 20MHz 和 8Hz 信号的插座有一个，即 A4 插座。有的功能模块上需要此频率的时钟信号，如 FPGA 模块和单片机模块等，通过针向插在此座上的模块输送频率。含有 10MHz 和 8Hz 信号的插座有 3 个，即 A5、A7、A8 插座（A8 座还多了一个 625kHz 频率信号）。实验中插功能模块时，也要根据模块的具体情况来确定实验模块插在哪里最合适。例如，A8 上插含 ADC0809 最合适，因为 ADC0809 需要一个 500kHz 的工作时钟（当然也可使用 FPGA 的锁相环给出的时钟），这就不需要此 625kHz 时钟了。

注意，在插座上安排的时钟通常与特定实验模块中对应的插针吻合，具体的模块上会有说明。

（3）第二个不同处是+/–12V电压的设置。为了防止由于不当心的差错（尽管每一模块已经有防插反措施）造成烧毁器件，所以只安排了插座A5、A8和B4有+/–12V电压。布置此电压的插座主要是为了某些需要此电压的模块，如A/D和D/A模块等。所以对于需要+/–12V高压的模块必须插于A5、A8或B4座上。

（4）第三个不同处是3.3V电压的布置：含有此电压的插座有A4、A5、A7、A8。

注意，通常，推荐插座A3上插20字×4行字符型液晶，插座A6上插4×4键盘，这样有利于板上的DDS函数信号发生器的使用，详细情况在后面介绍。

2．B类插座实验模块可插的10针双插座

标注“5、12、13”为B座，此类插座有3个，每个含两个10针的插座。它们的尺寸大小、结构布置和信号安排也基本相同。一些实验功能模块必须插在此类插座上。注意，其中B4座含有更多的信号，除GND和VCC外，还包括+/–12V高压和10MHz时钟信号。

在实验前应该充分了解这些座上的信号布置，以便安排接插适当的实验功能模块。当然，实验者也可根据插座的信号设定和插座尺寸，自己来设计需要的实验模块。

3．主系统其他接口说明

（1）标注“3”是扬声器，通过标注“20”接口输入，可实现对其控制。

（2）标注“4”是DDS函数信号发生器模拟信号输出通道的B通道之信号口。如果需要得到B通道的模拟信号输出，必须将此B通道口“线与”某一DAC的输入接口，然后得到输出信号。

（3）标注“6”是用于调谐输出模拟信号的幅度。

（4）标注“8”是用于调谐输出模拟信号的偏移电平。

（5）标注“9”是DDS函数信号发生器的TTL信号输入口。

（6）标注“10”是DDS函数信号发生器模拟信号输出通道的A通道（此信号发生器可以输出双通道模拟信号），如正弦波信号等，幅度最大+/–10V，可通过电位器调谐。

（7）标注“11”是DDS函数信号发生器的TTL信号输出口。

（8）标注“14”是8个上下拨动开关输出端，用于为实验提供高低电平。开关向上拨时，输出高电平；向下拨时，则输出低电平。输出电平从右侧的端口J7十针口输出，此口标注的端口标号（如L1）对应开关处所标标号相同。

（9）标注“16”是下方发光管控制端口，可根据标识和每个发光管一一对应。

（10）标注“19”是电源输出端，标准电压源有4个，即2.5V、3.3V、5V、+/–12V。除了以上模块插座上安排了某些电源外，还在实验平台的下方设置了这4个电压源的插口，以便在必要时用插线引出。在这4个电源中，2.5V、3.3V、5V来自开关电源，此电源含短路保护，而+/–12V来自单独的电源，其保护熔丝（两个）设于实验平台的下侧。

（11）标注“20”是上方扬声器的控制端口，通过这个端口，其中任意一个可对扬声器进行控制。

（12）标注“21”是多功能逻辑笔测试端口，用于测试实验系统上的电平情况。此笔的信号输入口是J4的任何一个端口。可测试高电平、低电平、高阻态、中电平（1.5V< x <3.1V，这是一个不稳定电平）和脉冲信号。

（13）标注“22”是含0.5Hz～50MHz多个标准频率，可通过插线将这里的时钟信号引到需要的实验模块中。对于诸如频率计设计，特定的功能模块设计都会需要这些标准频率信号。

注意：模块板插到主系统各座上时，一定要确认未插反或错位，否则因为电源位置不对，特别是高压+/–12V而导致器件烧坏。为防止插反或错位，在每组座的左边内侧从上而下第6根针是故意拔掉，但不能保证一定不会插反或错位。

A.2　KX_DN系统标准功能模块

下面介绍KX_DN系统标准功能模块，包括核心板和扩展板。这些模块可以是系统的配套模块，也可以是定购模块，或是根据此系统的接插口，以及开发项目的需要，自己设计出的模块，因此在KX_DN系统上用于完成不同类型的实验和设计的模块数量和种类没有任何限制。这里仅将一些主要和核心的功能模块的结构特点和使用注意事项做一些介绍。至于对于这些模块更加详细的了解和熟练的应用必须通过实际使用后才能实现。

此外，还应该注意这些模块的一个共同特点，即它们可以插于KX_DN系统上组合成设计系统进行实验，也可脱离实验平台构成独立的模块和模块组合进行更加实际的系统，这是KX_DN系统的主要特点。

KX_DN实验平台上的实验模块之间的连接方式主要采用十芯线连接，为了用户使用简单方便，每个模块的控制及数据端口全部外引，大多数是十芯座为一组，所有模块都标准化，每个十芯座有10根针，中间的两根针分别是VCC和GND，在其他8根针旁边标出了引脚号，全部在旁边标出，用户在使用时，用十芯线连接，根据每根针所在的位置一一对应锁定引脚号即可。

为了使用户快捷地了解核心板及扩展板的接口功能，本文采用注解的方式进行介绍。其中FPGA板标注方式采用统一标注号，以下标注说明在FPGA板EP3C10/40/55板上都适用。

1．FPGA核心板模块

KX_DN系统的FPGA核心板可以采用Cyclone III新型大规模FPGA EP3C10/40/55，下面以EP3C10为例做简单介绍，EP3C10核心板电路如图A-3所示。

该FPGA核心板由含100万门的Cyclone III新型大规模FPGA EP3C10构成，2锁相环，44万RAM位，EPCS4 4M Flash。超宽超高锁相环输出频率1300MHz至2kHz，提供多种IP核。

标注“1”是JTAG口，通过此口可对FPGA编程下载，本公司提供USB下载器，可采用sof和jic对FPGA编程下载和掉电保护EPCSX进行编程，具体请参考文件夹：FPGA_单片机_编程内容。

标注“2”是FPGA的IO口以单针形式引出，用户可用单线对外扩展连接。

标注“5、6、8、9、13、17、20、24”是10芯座FPGA的I/O口的引脚，中间是GND、VCC引脚，如果此板独立使用，可作为5V电源输入端，统一标准，可利用十芯线连接扩展板，具体可参照例程说明。

图 A-3　EP3C10 核心板

标注“7”是输入单脉冲按键，可作为复位及输入信号使用。

标注“14”是4位拨码开关，向左拨是向FPGA输入高电平，向右拨是输入低电平。

标注“16”是USB电源输入端，如果此板独立使用，可利用USB线提供电源，如电压不够，需从另外的口输入电源，比如十芯座中间的引脚。

标注“23”是CPLD3032的编程端口，注意，一般不要编程，否则会有文件丢失，将无法运行8051/8088/核。

标注“25”是CPLD3032，注意，如运行8051或8088核时，其中MT/NO/E0/E2/E3/E4都要引上，否则将无法运行，引脚号不变。

标注“28”是掉电保护16MFLASH EPCS16，在此板上可采用间接编程方式烧写此芯片，达到掉电保护功能。

2．单片机模块

单片机模块是KX_DN系统配套的核心模块之一，电路如图A-4所示。

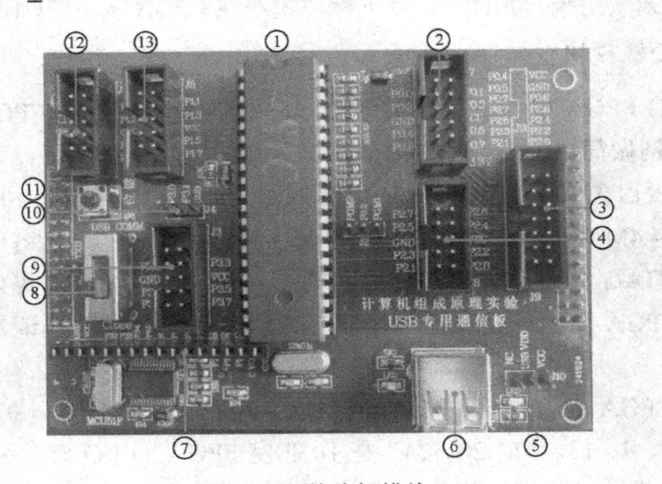

图 A-4　单片机模块

标注“1”如果是单片机 AT89S51，则可通过 ByterBlasterMV 通过计算机并口对其编程，如果是 STC89C51，则可通过 USB-RS232，即 USB 转串口对单片机（P3.0 和 P3.1）编程。

标注“2、3、4、9、12、13”是单片机 I/O 口，可外接。

标注“5”是 USB 供电外接口，通过此口可向外输出图 A-4 单片机模块电源。

标注“6”是 USB 供电接插口，如果此板独立使用时，可通过此口输入电源。

标注“7”是字符液晶接插口，可接 1602/2004 等字符液晶。单片机可对其控制。

标注“8”是开关，对此单片机编程时，开关拨下，利用康芯公司 USB 下载器连接 P3.0、P3.1 口对其编程，如拨上，可利用 USB 转接 RS232 口进行通信实验。

标注“10”是 P3.0、P3.1 引脚，单独引出，是为了对单片机编程。

标注“11”是单片机复位键。

3．键盘及 LED 显示模块

（1）4×4 键盘

此模块（图 A-5）可作为单片机实验键盘、FPGA 控制的键盘，也可作为 KX_DN 系统上的 DDS 函数信号发生器的控制键盘，因为此键盘上已标注每一键的功能。此键盘每一输出端口都含有上拉电阻，作为 DDS 模块应插在 A6 座上。

标注“1”是此 16 键的 8 根线扫描控制端口。

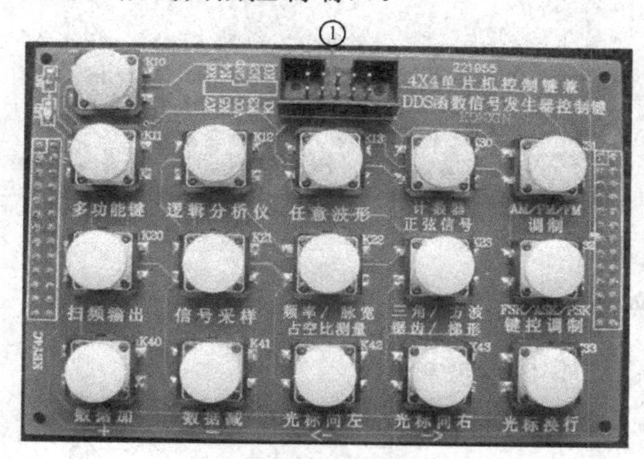

图 A-5　4×4 键盘

（2）数码管显示和动态扫描模块

此模块包括一个七段数码显示和 4 个动态扫描显示模块，如图 A-6 所示。

图 A-6　数码显示和动态扫描显示模块

共分两部分，标注“1”是数码七段显示输入端口；标注“2”是上方 4 个数码动态扫描显示方式的位控制端口；标注“3”是数码七段加小数点控制端口。

（3）数码管串行静态显示模块

此模块由 7 片 74LS164 控制 7 个数码管，可用做串行静态显示，如图 A-7 所示。输入口有两个，即 CLK 和 DATA。标注“1”是控制的端口。

图 A-7 数码管串行静态显示模块

4. 液晶显示模块

图 A-8 所示为点阵式 128×64 液晶显示模式，标注“1”液晶的 7 位数据控制端口，对应的引脚名在背面；标注“2”是液晶背光的点位调节器；标注“3”是此液晶的功能控制端口。

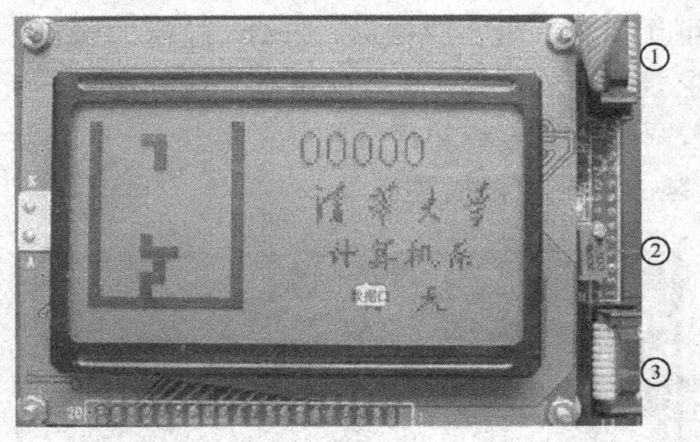

图 A-8 点阵式 128×64 液晶模块

5. A/D 和 D/A 转换模块

（1）双通道 DAC 和 ADC 标准模块

图 A-9 所示为一个双通道 DAC0832 和 ADC0809 标准模块。

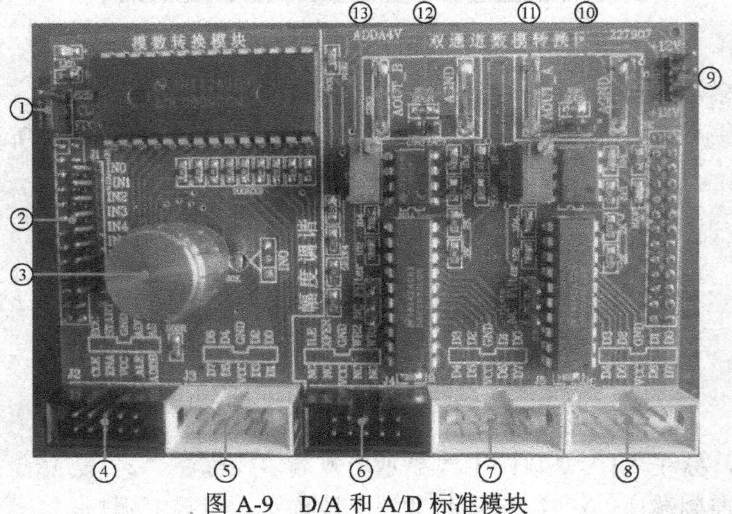

图 A-9 D/A 和 A/D 标准模块

标注“1”是AD0809需提供时钟的方式，如跳线帽跳上，AD0809的工作时钟需通过主系统提供，注意，主系统A8座提供625kHz的时钟，此板必须插在A8座上，如跳线帽跳下，此板可插其他座上，但时钟需通过FPGA I/O口提供，标注“4”是外围时钟输入口，FPGA可对应于其口输入时钟。

标注“2”是AD0809的模拟输入通道。

标注“3”是AD0809通道“IN0”输入的选择按钮，可通过此按钮输入电压信号。

标注“4”是AD0809的控制端口，其中有一个“CLK”端，是FPGA向AD0809的输入时钟端。

标注“5”是AD0809的数据输出端。

标注“6”是DA0832的控制端，用户可根据DA0832的使用手册进行控制。

标注“7”是DA0832的B通道的数据输入端。

标注“8”是DA0832的A通道的数据输入端。

标注“9”是+/–12V输入端，注意，上为–12V，这里板上标错，一般此板脱离主系统才用到。如果插在主系统上使用，要选择主系统的带+/–12V的座插。

标注“10、12”分别是A/B通道的输出接示波器端口。

标注“11、13”是调节A/B通道的幅度的电位器。

另外DA0832左边分别有个跳线帽，是滤波选择，如跳下是无滤波，如跳上是有滤波。

（2）高速A/D和双通道D/A模块

双通道高速并行DAC/ADC模块如图A-10所示。最高转换时钟率为180MHz的双路超高速10位DAC（DAC900）、50MHz单通道超高速8位ADC（5540）、300MHz高速单运放两个。由于速度很高，通常只适用于FPGA来接口控制，不适合单片机接口。

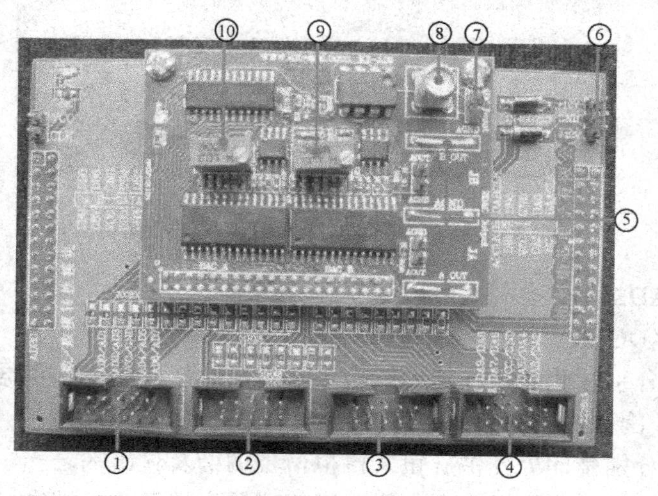

图A-10　双通道高速并行DAC/ADC模块

标注“1”是AD5540数据数据输出端口，共8位。

标注“2”是DA5651 B通道的输入端口，共10位，其中DB2-DA9数据脚号在板的左上方标出。

标注“3”是ADC\DAC的时钟输入端口及DA5651 A通道，在右上方标注的端口名

DA0/1 是 DA 低两位输入端，DA5651 B 通道 DB0/1 输入口，“ADCLK”表示 AD5540 时钟输入端，DABCLK 和 DAACLK 分别是 DA5651 时钟输入端（注意：此 A/D 和 D/A 的时钟是通过 FPGA 的 I/O 口输入的）。

标注“4”是 DA5651A 通道高 8 位输入端。

标注“5”是 DA 模拟信号输出接示波器探头端口。

标注“6”是 DA 运放的+/–12V 的输入端，如果此板独立使用，需从此端口输入+/–12V，注意：上端为–12V，下端为+12V，在此板上标注有错误。

标注“7”是 AD 以针形式的模拟信号输入端。

标注“8”是 AD 专用输入端，用此端口可减少干扰信号。

标注“9、10”分别是 DA 模拟信号幅度调谐点位器。

（3）高速 12 位 SPI 串行双 ADC 模块

图 A-11 的左边器件为高速 12 位同步串行 ADC ADS7816 模块，200ksps；体积小，功耗低，无需高压电源。FPGA 和单片机都能将其作为接口扩展器件。右边器件是高速 12 位 SPI 串行 ADC TLV2541 模块，200ksps，SPI 接口；体积小，功耗低，无需高压电源。FPGA 和单片机都能将其作为接口扩展器件。

图 A-11 高速 12 位 SPI 串行双 ADC 模块

标注“1”是 ADS7816 控制端口。

标注“2”是 ADC TLV2541 控制端口。

标注“3、5”分别是此两器件的模拟输入专用及针形式端口，根据需要来选择。

标注“4”是外围提供的模拟信号输出端。

标注“6、7”分别是此板提供旋钮式模拟信号调谐及输出端之一。

标注“8、9”分别是此板提供电位器式模拟信号调谐及输出端之一。

6. 可重构型 DDS 全数字函数信号发生器

KX_DN 系统配套的全数字型 DDS 函数信号发生器模块含 FPGA、单片机、超高速 DAC、高速运放等，如图 A-12 所示，既可用做全数字型 DDS 函数信号发生器，同时也可作为 EDA/DSP 系统及专业级 DDS 函数信号发生器设计开发平台。作为 DDS 函数发生器的功能主要包括：等精度频率计，全程扫频信号源（扫速、步进频宽、扫描方式等可数控），移相信号发生，李萨如图信号发生，方波/三角波/锯齿波和任意波形发生器，以及AM、PM、FM、FSK、ASK、FPK等各类调制信号发生器。

KX_DN系列的可重构DDS函数信号发生器基于EDA/SOPC设计技术及数字控制振荡器NCO/DDS、AM纯数字发生器、数字锁相环等IP核，是EDA/SOPC技术高度发展的产物，它彻底解决了普通DDS信号发生器的传统缺陷，而且整体功能和性能都有了质的飞跃。此信号发生器的主模块如图A-12所示。

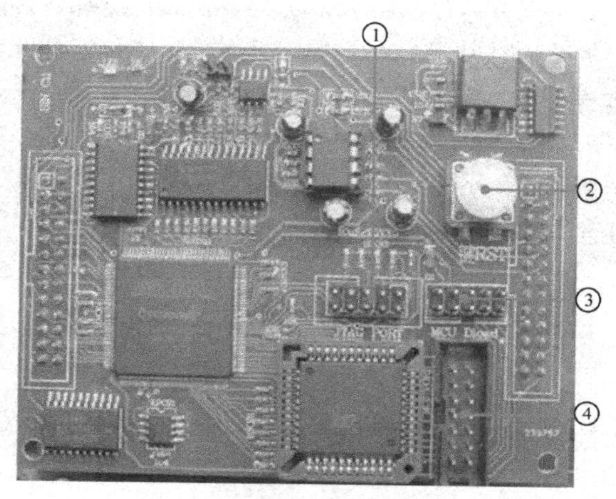

图A-12　DDS函数信号发生器主模块

DDS函数信号发生器主要模块和电路结构在实验系统的左上侧，除了左侧的DDS主模块、液晶显示屏和4×4键盘外，在右上侧还有许多功能模块和信号通道。

（1）**A通道。**这里DDS函数信号发生器模拟信号输出通道的A通道（此信号发生器可以输出双通道模拟信号），如正弦波信号等，幅度最大+/–10V，可通过电位器调谐。

（2）**TTL信号输出。**是DDS函数信号发生器的TTL信号输出口。

（3）**B通道。在主系统标注“4”是**DDS函数信号发生器模拟信号输出通道的B通道之信号口。如果需要得到B通道的模拟信号输出，必须将此B通道口“线与”某一DAC的输入接口，然后得到输出信号，此通道在平台的左上方J2口。

（4）**信号测试输入口。**即TTL输入口。可以通过DDS函数信号发生器测试此口输入信号的频率、脉宽、占空比等。数字调制信号和扫频信号外部控制时钟也可通过此口进入。

（5）**调谐电位器。**有两个电位器，一个用于调谐输出模拟信号的幅度，另一个调谐信号的偏移电平。

标注“1”是此板上Cyclone1c3 FPGA JTAG下载口，此口可对FPGA二次开发，用户可根据自己需要来开发；标注“2”是系统复位键，可对系统初始化；标注“3”是对单片机8253的编程口；标注“4”是14芯接2004液晶及4×4键盘的接插口，是用来DDS显示和操作的接口，对应的是2004液晶模块的标注“1”。

注意，一般情况下请不要清除和覆盖FPGA和单片机的程序，否则将无法运行DDS功能。

7．其他模块

（1）SD+PS/2+RS232+VGA 显示接口模块（图 A-13）

标注“1”是 VGA 接口的控制端口，VS，HS，R，G，B；标注“2”是 SD 卡的控制端口；标注“3”是 RS232 的 TXD 和 RXD 端，可用单线连接；标注“4”是 PS/2 的控制端口；标注“5”是 PS/2 的接插口，可插键盘或鼠标；标注“6”是 RS232 接插口；标注“7”是插 SD 卡的接插口；标注“8”是 VGA 接插口。

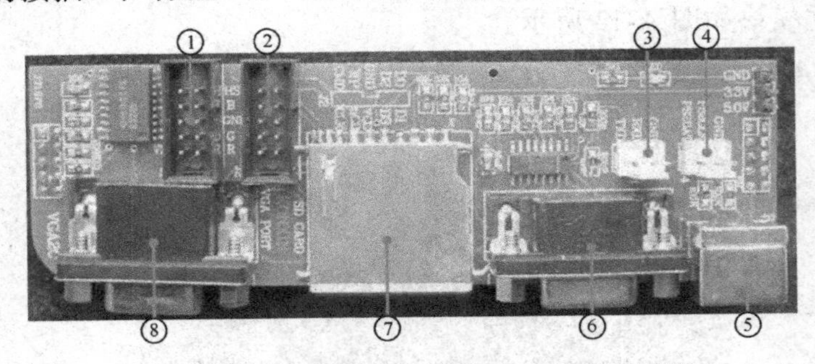

图 A-13　SD+PS/2+RS232+VGA 显示接口模块

（2）USB 接口模块（图 A-14）

标注“1”是 FT245 控制端口；标注“2”是 FT245 的数据口；标注“3”是 USB 通信接口。

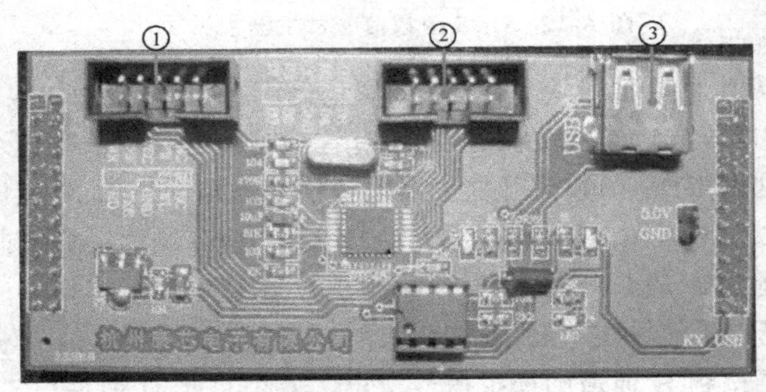

图 A-14　USB 接口模块

（3）电机接口模块（图 A-15）

电机接口模块包括步进电机和直流电机扩展模块。标注“1”是直流电机 DM+和 DM1 接口，步进电机 AP，BP，CP，DP 控制端口，CNTN 是直流电机计数端；标注“2”是直流电机转动圈数红外接收模块。

（4）看门狗定时器+时钟日历模块（图 A-16）

图 A-16 中左边是看门狗定时器芯片 X5040（含上电复位控制、看门狗定时器、降压管理和块保护功能串行 E^2PROM 这 4 个模块）。右边时钟日历芯片是 DS1302，实现年月周日时分秒计时功能、串口数据通信、掉电保护等功能。这两个模块都可由基于 FPGA 的状态机控制，也可用单片机控制。

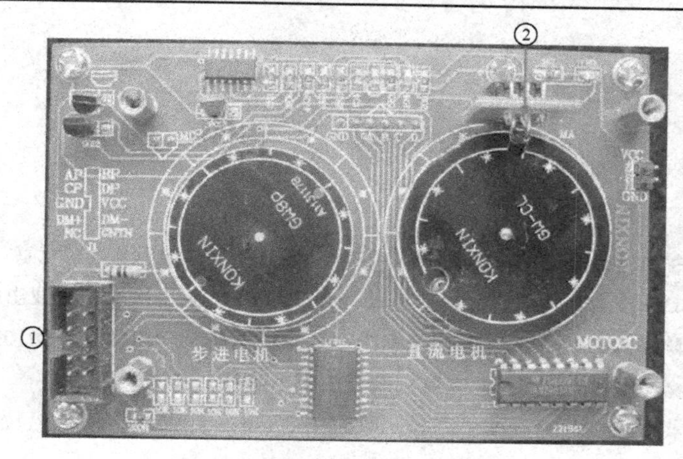

图 A-15　电机接口模块

图 A-16　看门狗定时器+时钟日历模块

参 考 文 献

[1] 潘松，黄继业，潘明. EDA技术实用教程——Verilog HDL版（第四版）. 北京：科学出版社，2010.

[2] 黄继业，潘松. EDA技术及其创新实践（Verilog HDL版）. 北京：电子工业出版社，2012.

[3] 潘松，黄继业，陈龙. EDA技术与Verilog HDL. 北京：清华大学出版社，2010.

[4] 周立功. EDA实验与实践. 北京：北京航空航天大学出版社，2007.

[5] 黄沛昱. EDA技术与VHDL设计实验指导. 西安：西安电子科技大学出版社，2012.

[6] 黄智伟. FPGA系统设计与实践. 北京：电子工业出版社，2007.

[7] 阎石. 数字电子技术基础（第5版）. 北京：高等教育出版社，2006.

[8] 夏宇闻. Verilog数字系统设计教程（第2版）. 北京：北京航空航天大学出版社，2006.

[9] Altera Corporation. Quartus II Hand Book Version9.1，2010.